田植えが終わった田んぼに米ぬかをまく　（山形県南陽市の島崎眞吉さん　撮影　倉持正実）

米ぬかには、自然の栄養分が濃縮されている。

だから昔から、たくあんやぬか漬けなど、もっとも身近な食べものに利用されてきた。

米ぬかに繁殖した乳酸菌や酵母が、漬けこまれた野菜やさかなをさらにおいしく、香りたかいものにする。これが発酵の力だ。

また、米ぬかを田や畑にまくと、米や野菜がおいしくなる。生き物たちが急激にふえ、農薬や肥料をあまり必要としない、肥沃な土壌になる。

米ぬかには大きな力が秘められている…。

米ぬかとおからで無農薬野菜

（撮影　赤松富仁）

＊本文一〇六頁もご覧ください

愛知県豊橋市、白柳剛さんの本業は税理士さん。日ごろ農家の経営相談にのるかたわら、畑をかりて、仲間たちと野菜をつくっている。

長年、自然農法や有機農業を研究し、独自の「微生物活用農法」を考案した。

その方法は、米ぬかとおからを一対一でまぜて、三週間に一度、作物の上からも下からもまくというもの。また、作物が日陰にならないかぎり除草せず、逆に、雑草の効果（昆虫のすみか、有機物の補給など）を生かす。さらに、生物空間を豊かにするために、単一の作物を植えないで、混植を基本とする。

このやり方で、無農薬、無化学肥料栽培が実現している。

こんなにかけても、ガスやウジは発生しないという。ちなみに、葉にたまった米ぬかを食べた虫は、死んでしまうようだとのこと

雑草はできるだけ刈らない。草があると、土は乾きすぎず湿りすぎず、ちょうどいい状態になる。そして、草は昆虫や微生物など、畑の生物を豊かにしてくれる。最後は枯れて有機物を補給するので、土が肥沃になる

サトイモ、シソ、トウモロコシ、そして雑草の混植。植物の種類が多いほうが、微生物や小動物は多様に、豊かになる

除草もしない

「無農薬でこんなにきれいな作物がたくさんとれます」左が白柳さん、右はお仲間の藤谷さん

ウネを掘ってみた。表面は有機物におおわれて乾いているが、その下は黒く団粒化した土がビッシリ。不耕起だと土が固くなると思われがちだが、実際はその逆で、内部はとてもやわらかい。耕うんしないので、ミミズがとても多い

耕さず、上から有機物をまくと、土が変わる

高知県で米ナスを生産する中越敬一さんの栽培法は、独特である。

一度つくったウネを壊さず、翌年も使う。肥料は、米ぬかボカシや発酵鶏糞などを、ウネの上に置いていくだけ。まったくの不耕起栽培だ。収穫が終わったナスの茎や葉も、砕いてウネの上に置き、外へはいっさい持ち出さない。

それでも、収穫量は地域の平均よりははるかに多く、ち密で品質のよいものがとれる。

土は耕すものという従来の常識は、もはや変わりつつある。

＊本文一一六頁もご覧ください

ハウス栽培の米ナス。一部は東京の天ぷら屋と個別に取引されるほど、品質がすぐれている

以前は、東京でパソコンの仕事をしていたという中越さん。今の栽培法は、福岡正信氏の自然農法から多くのヒントを得ている

団粒化した土は、通気性がよく、排水がよく、かつ保水力が高い。さらには保肥力もすぐれている。陸生の植物の根にとって、もっとも適した条件をそなえている

（撮影　赤松富仁）

畑をおおう微生物の菌糸

北海道訓子府町　中西康二さんは10年ほど前、プラウ耕をやめた。そして、秋から冬にかけて米ぬか、鶏ふん、骨粉、魚かすなどを畑にふる。雪の下で微生物が成長し、春には雪がまだ残る畑を微生物の菌糸がおおう

（撮影　赤松富仁）

山形県　佐藤秀雄さんの、春先の田んぼ。下からトロトロの土壌が盛りあがって、稲わらを包みこんでいる
（撮影　倉持正実）

田に水をためておくと生き物たちがあつまる

秋、田んぼに米ぬかをまいて、冬のあいだは水をはりっぱなしにしておく。すると、微生物が有機物を分解して、クリーム状の土壌がどんどん盛りあがってくる。盛りあがった土で、稲わらなどは、沈んでしまう。

この「トロトロ層」のおかげで、代かきしなくても、普通の田植え機で田植えができる。さらに、除草剤や草とり作業が不要になる。

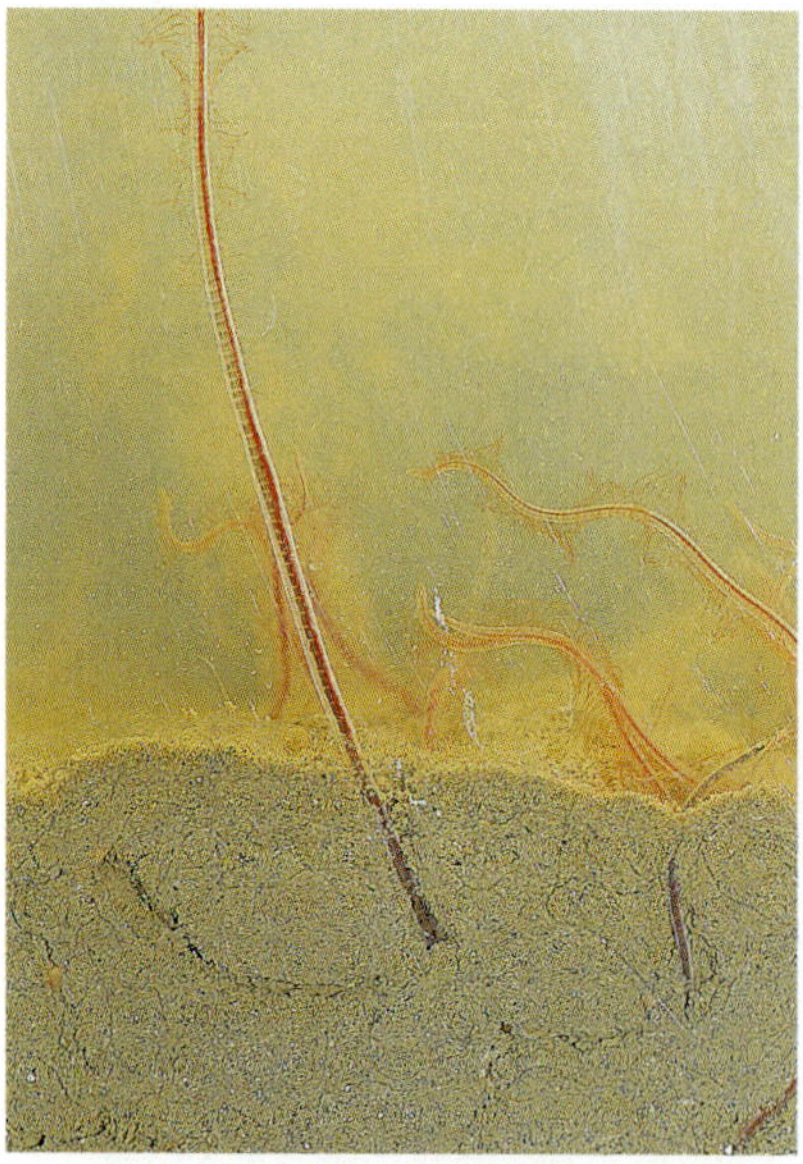

イトミミズの一種、エラミミズ。米ぬかを田んぼにまくと、急にふえる。イトミミズは土の中の有機物や微生物を食べて、上側の尾の先から糞を排泄する。雑草の種子は土の中にもぐってしまい、発芽することができない（撮影　赤松富仁）

秋に米ぬかを200kgまいておいた、奥村次一（滋賀）さんの田んぼ。トロトロ層がわらの上に盛りあがった。その後、窒素を固定するアゾラが大発生
（3月1日　撮影　倉持正実）

これは湖ではなくて、冬の田んぼ。田んぼに水をためておくと、昆虫、魚、渡り鳥などさまざまな生物のすみかになることがわかってきた。農閑期の田んぼを、生物たちのために提供する農家がふえている

福島県郡山市の中村和夫さんは、一〇年ほど前から不耕起栽培にとりくんできた。ところが、田んぼが乾きすぎて、雑草に悩まされるようになった。人からきいて、冬のあいだ水を入れておいたところ、白鳥があつまるようになった。

以来、除草剤を使わなくても、米ぬかやくず大豆だけで草は抑えられ、田おこし代かきせずとも、普通の田植え機で植えられるようになった。田んぼの生命が豊かになって、長年夢みてきた稲づくりが実現した。

（撮影　橋本紘二）

志田一利さん（静岡）のボカシ肥。同じ人間がつくっても、毎日これだけ出来が違う。「上のは極上！といってもいいかな、と思う。左のは60点、右のは30点のボカシ」

ボカシ肥づくり名人

石川県穴水町の西出隆一さんは、ボカシづくりの名人。その教えを請いに、全国から大勢の人々が集まる。

その良質ボカシ肥で栽培した野菜を、地元のスーパーに一年中出荷している。四〇品目くらいつくる年もあるという。しかも無農薬栽培。

ボカシ肥の材料は、五〇坪のハウス用で、米ぬか四〇キロ、油かす二〇キロ、魚粉二〇キロ、骨粉二〇キロ。炭やゼオライトも使用する。

ボカシづくりでもっとも大事なことは、ボカシにさした温度計が、五〇度をこえないうちに切り返すこと。季節にもよるが、一〇日くらいで完成する。

（撮影　赤松富仁）

カリフラワー畑の西出さん。普通の3〜4倍はある

西出隆一さんのボカシ肥づくり（撮影　赤松富仁）

永平寺 雲水たちによるたくあん漬け

12月11、12日ころ、大庫院務めの雲水によって１万本余りのたくあんが漬けられる。２人で抱えても余るほどの大桶に、わらじばきの雲水が大根、こぬかの順に押しつける。曹洞宗の開祖道元禅師はその著「典座教訓」のなかで、料理にこめた心づかいこそ大切なかくし味であると説いている。ここでは食事つくりは仏法の修行そのものなのである。

（撮影　千葉寛　　日本の食生活全集　『聞き書き　福井の食事』）

昔から日本人は発酵食品を食べてきた

鎌倉

建長寺の万年漬

臨済宗大本山建長寺は、一二五三年、宋の大覚禅師を開山として創建した禅寺の名刹である。

十一月、一、二名だけ残して、三浦半島へ大根の托鉢に行く。いただいたたくさんの大根を、大八車やリヤカーで引いて帰る。

翌日総動員で、大根を洗い、やぐらに干す。すを入れないように、凍てつく夜には、むしろで大根をおおう。

およそ一〇日後に、塩七、ぬか三の割合で漬け込む。これを最低五年、長ければ七、八年、そのまま漬けておく。そのころには、大根はあめ色となり、塩も枯れて、奥深い味になる。

長年漬けこむところから、万年漬と呼ばれる。いただくのも、その古い年代順からである。

（撮影　小倉隆人　神奈川の食事）

博多

いわしのぬか味噌煮

いわしをうすいしょう油味で煮て、それにぬか味噌をたっぷり加える。さらに、弱火で長時間煮つめる。こうすると、いわしのくさみがとれ、ぬか味噌には魚の味がしみこんでおいしくなる

このぬか味噌を、よくごはんに塗って食べる。温めなおしても食べられるので、保存食のようにして利用する。

（撮影 千葉寛　福岡の食事）

暮らしのなかに息づく発酵食

滋賀　小泉かぶのぬか漬け

昔、小泉の人が彦根城へ庭の手入れに行ったとき、一株の赤かぶを発見した。藩主より、種をとって試作をするように命ぜられた。やがて赤かぶは「小泉かぶ」と名づけられ、小泉の名産となった。

十一月下旬、収穫したかぶを川で洗い、柿の木に稲架がけする。一週間から一〇日ほど干して、ぬかと塩で桶に漬けていく。

（撮影　小倉隆人　滋賀の食事）

秋田　干しがっこ

干しがっこは、いろりの火でいぶすように乾かすのが最上である。十月末から干しはじめ、あめ色に固く乾くまでには三〇日近くかかる。

干し大根一〇〇本に対し、こぬか五斗、塩二升の割合でよく混ぜ合わせる。すき間のないように大根を並べ、この塩ぬかをかける。もち米のぬかを使うと甘みがでる。ふたをして、漬け汁が上がるまでは大根の目方以上の重石をのせ、つゆが上がったら石の重さを三分の一にする。五〇～六〇日で漬けあがる。

黄色で、切り口のしまった、こぬかの甘みのきいた干しがっこは、がっこの横綱の貫禄をもっている。

（撮影　千葉寛　秋田の食事）

鯖街道　朽木谷の食

朽木村では、十二月に入ると「たくあん漬けたか」とあいさつがわりにいう。大正ころまでは「ころもん漬」といっていた。たくあんを鉢に盛ると「おこうこ」と呼ぶ。

（左上から）日野菜と万木（ゆるぎ）かぶらのぬか漬、しば漬、万木かぶらの甘酢漬、大根当座漬、（中）白菜と万木かぶらの切り漬、きゅうりとなすの浅漬、きゅうりの奈良漬、おこうこ、白菜のぬか漬、（下）なすのからし漬、万木かぶらのぬか漬

（撮影　小倉隆人　滋賀の食事）

雪の中での赤かぶひき

富山県東砺波郡平村　　（撮影　千葉寛　富山の食事）

多彩なぬか料理

紀伊山地

さんまのぬか漬け

晩秋から初冬にかけて熊野灘で水揚げされるさんまは、脂もほどよくしまって値も安い。

内臓をとったさんま六〇匹に、塩四合、ぬか六合を用意する。小判形の桶の底に、ぬかをふり、塩をふり、さんまを並べ、一〇段くらい重ねる。ふたをして、二貫目くらいの重石をのせる。夏近くまで貯蔵するときは、から塩にする。

塩抜きは、茶わん五杯の水に、三本指でつまめるぐらいの塩をとかし、三〇分ぐらいつける。正月用のさんまずしにするときは、そのあと酢につける。弁当のおかずなら焼く。

（撮影　千葉寛　三重の食事）

若狭

へしこのなれずし

平城京跡から出土した木簡のなかに、「若狭国遠敷郡青里　御鮓　多比酢壹…」と書かれたものが見つかっており、鯛（多比）の鮓(すし）が若狭から奈良へ送られていた。鮓とは、すべて「なれずし」であった。

へしこのなれずしをつくるには、まずさばのへしこを、流れている川水に浸して塩気を抜く。ご飯を冷ましてから、米こうじを混ぜ合わす。さば五〇匹に対して白米二升五合、米こうじ三合五勺である。

さばの皮をむき、腹に飯と米こうじを詰め、杉の木の四斗桶に一並べする。飯、米こうじをふりかけて、これをくり返して、最後に米こうじをやや多めにふっておく。一番上に油桐の葉や葉らんを敷き、押しぶたのまわりに編みわらを置いて重石をのせる。重石は、はじめやや軽めのものをしておき、二、三日たってから一〇～一五貫ぐらいのものにかえる。

食べごろは、秋は漬けてから一〇日、冬は二〇日ぐらいである。桶の表面にしらとり（しょう油などの表面に浮くかび）の浮くころが最もうまいという。焼いて食べるとまた違った味がする。

（撮影　千葉寛　福井の食事）

四万十川　がねみそ

がね（もくずがに）は生きたまま、せんごう、いしずり、足先をとり除き、石臼で細かくつく

塩とぬかを入れ、よくつき混ぜる。だんごに丸められるくらいの固さにして、壺に入れて保存する

秋風が吹きはじめる八月の末。がね堰へ、筌（割竹を筒状に編んで、入った獲物が出られないようにしたもの）を仕掛け、下ってくるのを受ける。このほか、がね地獄（魚のあらを入れたかご）を川の中へ沈めてとる。

待ちきれない連中は、夏のころから岩のくぼみにひそんでいるあぜりがねを、がね地獄でとったりする。

がねは、そのまま塩ゆでにしたり、かぼちゃやそうめんのだしにして食べる。たくさんとれたときには、がねみそにして保存する。（撮影　千葉寛　高知の食事）

がねみそはりゅうきゅうの葉で包み、ほくぼ（いろりの熱灰）に埋めて蒸し焼きにする。焼きあがったら、端から少しずつ欠いて食べる。ごはんの菜にするが、相当に塩からい

へしこのぬかと大根の煮もの

へしこのぬかを煮るには、あわびの殻の大きめのものを使う。大きなものほどよく、六寸ぐらいのものもある。あわびの殻には孔が数個あいているので、汁気がこぼれるのを防ぐために、ここに飯粒を詰める。そして、へしこのぬかに水を加えたものと、きざんだ大根を入れて、いろりのおきの上に置いて煮たつのを待つ。しばらくするとぐつぐつ煮えはじめる。米ぬかには魚の脂、塩気が十分あるので、味を加えなくてもおいしい。一人に一枚あわびの殻があてがわれ、それぞれがゆるりの火で煮て、熱いうちに食べるのは楽しくおいしい。　（撮影　千葉寛　福井の食事）

あみのぬかいり

米ぬかは、つきたての新しいものほどよく、ふるいにかけて、きめの細かいものだけをとる。なべに少しの水を入れ、煮たったらあみを入れて十分火を通す。煮えたらしょう油で味つけし、ぬかを上からぱらぱらふり入れ、しゃもじで混ぜる。あみにぬかがまぶれ、米ぬかが目に立つほどたくさん入れる。ぬかが煮汁を吸ってしまい、空煎りをしたようになるとできあがりである。あみのにおいで消され、あみのだしとぬかの甘みがよく調和し、思いのほかおいしい。しかし、食べすぎるとのぼせるので注意が必要である。　（撮影　千葉寛　岡山の食事）

いぎす

水一升に米ぬか三勺ほどを溶いて、乾燥したいぎす10匁を煮る。10分くらいで溶けるから、汁を容器に流し、冷やし固める。からし酢味噌をつくり、薄く拍子木状に切ったいぎすをつけて食べる。疲れやすい盛夏にぬかを食べるのはからだによい。また海草はおなかの掃除といわれて、よく利用する。

（撮影　小倉隆人　兵庫の食事）

ぬかしょうから

いか、ぬかえび、ごまめいわしなどのしょうからを使う。ぬかをさらりとなるまでよく炒る。しょうからを水でのばし、炒りぬかと合わせてよく混ぜ、味噌くらいの固さにする。漬物がわりに、ごはんと一緒に食べる。甘みもあり、香ばしくておいしい。一カ月くらいは保存できる。

（撮影　倉持正実　鳥取の食事）

えびぬか

赤えびの頭と尾をとり除き、空炒りし、砂糖、しょう油または塩で味つけする。別に空炒りした米ぬかと混ぜる。米ぬかは、つきたての新しいものほどよく、ふるいにかけておく。ぬかがえびの煮汁を吸い、ぬかのにおいは消える。

（撮影　千葉寛　山口の食事）

じんだ

じんだ味噌ともいい、炒って粉にしたいりこと、小さくきざんだねぎを煮た中に、炒りぬかを加えてつくる。味は味噌でつける。いりこのかわりに、塩いわしや貝のひもを使うこともある。ぬかは炒って入れるが、それでもぬかくさく、子どもたちはしかたなしに食べる。やわらかくつくったじんだは、麦飯やねばりがき（くず米の粉を練ったもの）にかけて食べる。

（撮影　千葉寛　山口の食事）

かどのこぬか漬け

樽の底に、こぬかときつめの塩をふり、その上にかど（にしん）を一つ並べにし、塩、こぬかという順序で交互に漬け込む。上のほうにぬかが多くなるように、魚が見えなくなるくらいにふる。笹の葉を一面に敷き、中ぶた、重石をする。重石は、できるだけきつくする。食べるときは、こぬかを落として、きれいに水洗いし、水気を切り、焼き魚にして、半身または一本ずつつけて食べる。

（撮影　千葉寛　岩手の食事）

こんかいわし

いわしは頭とうろこをとって、塩で二日ほど粗漬けする。こんか（米ぬか）、塩、味噌、しょう油、なんば（唐辛子）を混ぜ合わせて、ぬか床を準備する。漬物桶の底にぬか床を敷きつめていわしを並べ、その上にまたぬか床、いわしと交互に漬けこむ。最後に押しぶたをして重石をのせておく。漬けこんで半年ぐらいしたら酢をかけて食べる。イネ刈りの弁当には焼いたものを使う。

（撮影　千葉寛　石川の食事）

はじめに――米ぬかに秘められた力

稲作が日本列島に伝わったのは、紀元前三千年ごろだと考えられている。当時は、もみのまま焼いた焼き米や、玄米を甑（こしき）で蒸した強飯（こわいい）が食べられていた。奈良時代には、貴族の間で、精白した白米を食べることがあったようだが、普通の人々は強米をたべる時代が長く続く。

室町時代になると、現在と同じ炊飯米（姫飯ひめいい）を食べる習慣が広まった。日本人の食習慣の原型は、室町から戦国時代にかけて完成し、しょう油やだしが普及し、食事も日に三度になった。商品経済が浸透し、玄米を精白するための水車や、鉄器も広まり、社会全体が大きく変化した。それを経て、江戸時代には、白米を食べることが一般的になっていった。と同時に、白米にすることによって生じる米ぬかを利用する食文化が育っていった。

たくあんやぬか漬けは、もっとも多く食される食品のひとつであり、五〇年ほど前までは、どの家庭にもぬか床があった。

食教育の根本は、味覚教育であろう。ぬか床が家庭にあれば、野菜に含まれるうまみやぱりぱりした食感、乳酸菌と酵母が醸しだす酸味や香気を、毎日体感できるのだが…。

アミノ酸・ミネラルというCMのコピーからではなく、自然の栄養分と、自分の内なる自然を同調させて、「おいしい」と自分の舌で感じられる子供たちを育てたい。それが、本誌の願いのひとつだ。

米ぬかにはもう一つ、重要な意味がある。

田や畑をあまり耕さないで、米ぬかなど有機物を上からまくと、土壌の消耗が少なく、肥沃さが保たれる。これは、未来の農業と人類に大きな意味をもっている。現在は、「持続的開発」が、人類共通の課題になっているからだ。

日本には、やせて作物ができないという農地は少なく、「持続的」の意味があまり実感できないかもしれないが、世界では、充分な肥料を農地に投入できる地域は少数だ（もっとも日本でさえ、多くの肥料を海外から輸入している）。

現在世界の食糧を支えているのは、南北アメリカの広大で肥沃な土壌であるが、そこでは、養分を土壌から収奪するだけの農法が続けられている。そして、日本人の食卓も、その栄養分に支えられている。日本人が一年間に消費する穀物は、トウモロコシ一六六〇万トン、小麦六三〇万トン、大豆五〇〇万トンで、主食の米は八七〇万トンにすぎない。そして、米以外は、ほとんどを北米からの輸入に頼っている。我々は普段気がつかないだけで、確実に地球の肥沃さを消尽している。

我々が、子孫に残すべきものはお金だけではなく、肥沃な土壌も重要な財産のひとつなのだ。米ぬかは、豊かな土壌を未来に持続させる大きな可能性を秘めており、しかも、米を食べるかぎり、無くなることがない。まさに、とことん活用したい資源なのである。

二〇〇六年二月　農山漁村文化協会

目次

Part II ボカシ肥　ボカシ肥づくりの技

Part V 病害虫を防ぐ 菌体防除―微生物が病原菌をおさえる

Part V 論説

あっちの話こっちの話

レイアウト・組版 ニシ工芸株式会社

Part I 食べる

米ぬかでつくる 暮らしのなかの発酵食

大根を干して冬に備える
（撮影　小倉隆人　徳島の食事）

二十一世紀は発酵技術の時代

プロが教える最高のぬか漬け

ぬかをつけたまま食す

針塚藤重（針塚農産代表）

針塚藤重さん　群馬県渋川市にある漬物製造業針塚農産代表。東京農業大学、食品総合研究所等で発酵食品技術を学ぶ。おいしい漬物の秘訣は「土づくり」が信条で、緑肥、モミガラ、米ぬか、魚粉、カキ殻、海草等の有機質で原料野菜を生産している。殺虫剤や殺菌剤、化学肥料は使用しない。「二十一世紀は発酵技術の時代」と語る。

米ぬかを発酵させたぬか漬けは、日本が世界に誇る健康食品です。

日本のぬか漬けは、乳酸菌のかたまりですから、野菜から魚まで漬ける素材を香りよく、おいしくしてくれます。このぬか漬けを、本当の健康食品とするためには、ぬかのついたままをいただくことが大切なのです。

風味豊かなぬか床の作り方

伝統的なぬか床の作り方は次のとおりです。

つきたての米ぬかを大鍋に入れて火をかけ、七五度以上で数分炒る。このようにすることで、O-157はじめ、ほとんどの食中毒の病原性菌を死滅させることができる。

米ぬか二・三kgと食塩八〇〇g、水二ℓを合わせてこね、耳たぶの固さにする。食塩はできるだけ、ニガリの入った海水塩がよい。しっとりとできあがる。水道水を使う場合は、一度沸騰させてカルキを飛ばす。市販の名水を使ってもよい。

できた床を毎日一回はかき混ぜて、よい香りがしてくるまで置いておく。だいたい夏で六〜七日前後、春・秋で一〇日くらいかかる。

プロがつくるぬか床の威力

私が自分でつくって楽しんでいる方法は、歴史的に安全性が確認された米こうじ、乳酸菌、酵母などの微生物がふえやすいように手を加え、それをぬかごといただく「針塚式・新ぬか漬け」です。

ぬか床の調製は伝統的な方法と同じですが、その他に乳酸菌製剤である新ビオフェルミン（タケダ）やラクボン（三共）、ビール酵母、よくできた生味噌、生醤油、もろみなどを加えることで、さらにグレードアップさ

れたぬか床ができあがります。

乳酸菌

新ビオフェルミンは、さまざまな乳酸菌がバランスよく入っています。これをひとビン加えれば、その日のうちにぬか漬けを食べることができます。

使う塩の半分の量をグルコン酸ナトリウムか（注）グルコン酸カリウムで置き換えることができます。グルコン酸を使いますと、ビフィズス菌が活性化されるので、塩だけの場合より健康の面からも優れています。

さらに、オリゴ糖の多いタマネギやニンジンなどを加えることで、乳酸菌を増殖させることができます。

米こうじ

米こうじの胞子には生理活性の高いすばらしい成分がたくさん含まれています。このため、ぬか床には米こうじのひとつかみ（約五〇g）かふたつかみを入れますと、さらによいぬか漬けになります。

コンブ・トウガラシ・果物

この他に、コンブ、トウガラシも入れます。果物もリンゴ、ナシ、柿などを、虫食いや傷のついたところを取ってから入れます。

渋柿には、ポリフェノールやフラボノイド、カロチノイドが含まれ、野生酵母がとくにたくさんついています。渋柿を漬け込むことで、ぬか床は最高の機能性食品となります。

くさや

私は、くさややアジの干物、イワシやニシ

針塚式・新ぬか漬けの健康増進機能（光岡知足指導による）

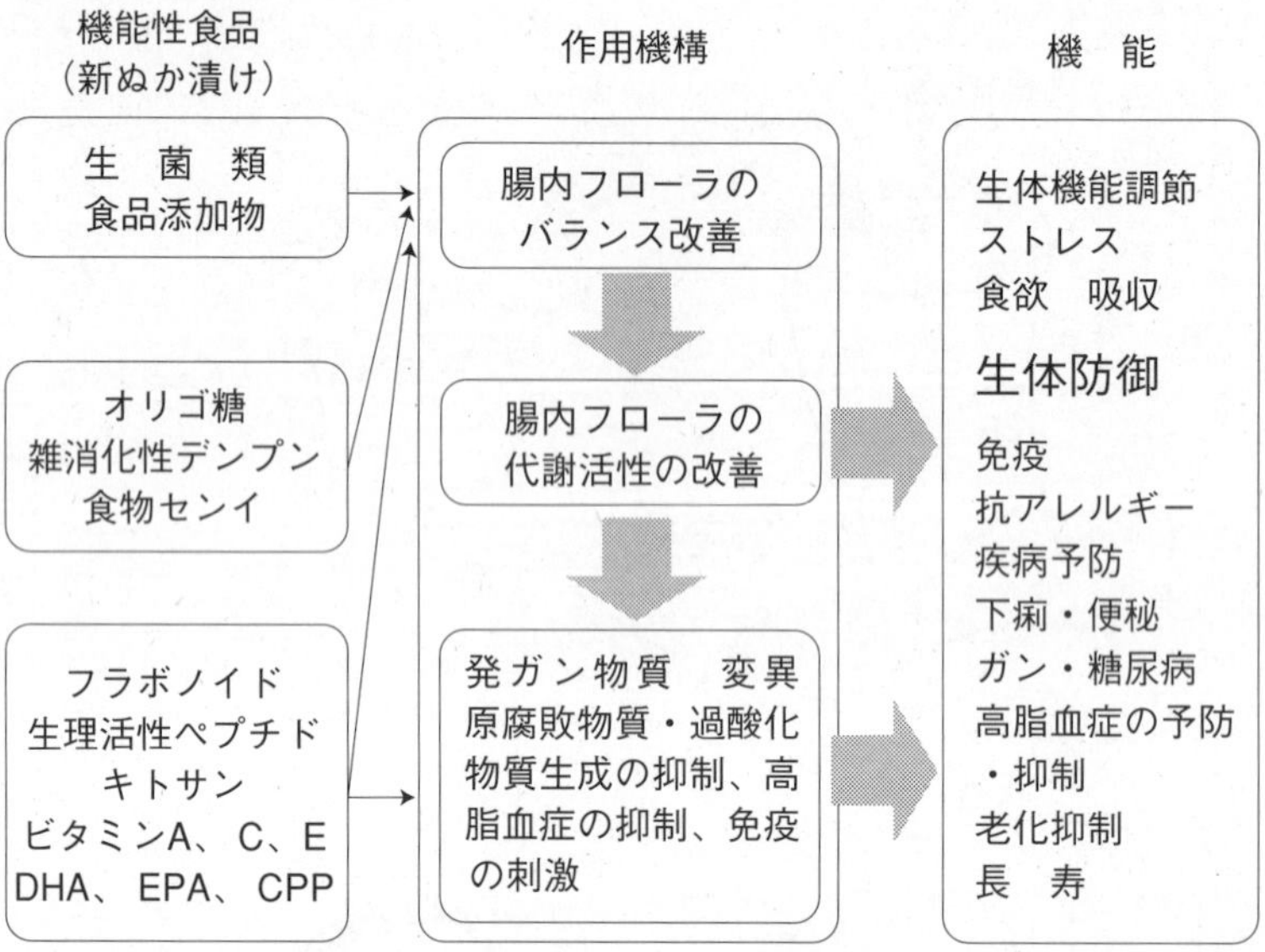

ンの干物などをぬか床に入れています。これらにはDHAなどの成分も含まれているので、よいぬか漬けになります。くさやをぬか漬けにすると臭いも和らぎます。生で食べるのですが、そのおいしさと健康度はたいへんなものです。

酵母・アルコール

また、ぬか床にはお酒やビール、酒粕などを入れることで風味をよくすることができます。

野菜をお湯に数分間つけてからぬか床に入れる

ぬか漬けには毎日野菜を入れること。野菜の持つ酵素の力が、ぬかの脂質代謝をうながし、中性脂肪の分解やリノール酸の消費を促進してくれます。

酵素は五五～六二度が一番力強く働きますから、ぬか床に入れる野菜を六二～七五度の湯に数分間つけることで最高の品質となります。私は菜の花、ミョウガ、タマネギ、アスパラガス、カリフラワーなどをこの方法で漬け込んでいます。

ぬかのついたままを食べる

ぬか漬けは、洗わずに必ずぬかのついたままを食べます。それよって生きた乳酸菌と酵素、米ぬかの食物センイ、

日本古来のすぐれた発酵食品である米こうじ。米こうじには血圧を正常に保つ、消化促進、ガン予防など多くの効果がある

そして様々な機能性成分を取り込むことができるのです。そのことが健康増進に役立つのです。

なお、野菜には一万個ほどの自然界の雑菌（大腸菌）がついています。ぬかも食べるときは、常にきれいなぬか床にしておく必要があります。

女性は、頭のてっぺんから足のつま先まで、乳酸菌のかたまり

ぬか床は毎日よくかき混ぜます。健康的な、赤ちゃんを生んだお母さんが、素手でかきまわしますと、さらによいぬか床となります。健康な女性は、頭のてっぺんから足のつま先まで、乳酸菌のかたまりだからです。

たとえば、お米のご飯は女の人が素手で研ぎますと、炊いたご飯が腐りません。手から元気な乳酸菌が米の研ぎ汁中で育ち、一晩でpHが下がります。そうして朝ご飯を炊いて、素手でおにぎりにすれば夏でもご飯が傷みません。

女性が男性より長生きできるのは、身体全体が元気な乳酸菌でコーティングされているからなのです。だから女性にかなわないのは当然なのです。

（針塚農産　群馬県渋川市中村六六）

（注）グルコン酸ナトリウムの入手先：扶桑化学工業株式会社　TEL〇六―六二〇三―四七二一

一九九八年十二月号　健康食「ぬか漬け」はぬかをつけていただくべし

おいしい漬物の秘訣は土づくり

針塚さんは、漬け物用の野菜やイネも自ら生産する。ムギと混植することで、キャベツやダイコンの病気を防いでいる

博多の伝統食
北九州 小倉の床漬

ぬか床は毎日丹念にかき混ぜ、発酵腐敗を防ぐ
嘉穂郡筑穂町

小倉では、ぬか味噌漬を「床漬」といっている。

床漬は、小倉藩主となった小笠原公が福井から持参し、日常食として使われたのがはじまりである。公はどこへ行かれるときも「ぬか床」を持って回られ、その床はいつも大切に床の間に飾ってあったため、「床漬」といわれるようになったそうである。床の間に置いておかれるくらいに清潔で、香りのよいぬか床であったのである。

ぬか床は、米ぬかと塩と水を合わせたもので、ぬか床がよく、おいしいものでないと床漬もおいしくない。

ぬか床は、おいしくするために、毎日丹念にかき混ぜる。冬は一日一回、夏は朝と夕方の二回、桶の一番底から、ぬか床全体に空気が触れるようにしっかりと混ぜる。小倉城の周辺に住む御料人（ごりょん）さんたちは、一斗桶のぬか床を片肌脱いで混ぜる。

また、清潔に保つために、ぬか床を扱う手はもちろんのこと、床漬にする野菜などは、すべてきれいに洗って漬けこむ。混ぜたときに桶のまわりについたぬかも、よくふきとっておく。かき混ぜたあとは、すき間がないように固く押さえて、表面を平らにならしておく。毎日の手入れがよいと、いい香りがする。

ぬか床は、古いほど味がよいといわれ、百年もたっているようなぬか床を家代々の伝統の味としている人もいる。古いぬか床は、多くの野菜を漬けこんでいるため、その野菜から味が出ておいしいのである。もちろん、何度も漬けていると、ぬか床が減ってしまうので、米ぬかや塩は、そのつど加えていく。

漬ける野菜は、きゅうり、なす、にんじん、大根、かぶ、かぼちゃなどである。野菜によって、ぬか床に漬けておく時間が違うが、だいたい数時間から二日間ほどである。

床漬は、素材の味をそこなわずに、ぬか床の味と香りを加えた漬物で、色も自然の野菜のままである。

ぬか床を利用した、いわしのぬか味噌煮。ぬか床が魚のくさみを消して、骨まで食べられる

しかし、ぬか床から出して、しばらくおいておくと、味も色も落ちていくので、食べる直前にぬか床から出して盛りつける。

数時間しか、ぬか床に漬けなくても、野菜からは水分が出る。ぬか床がやわらかくなると、新しいぬかを足したり、こんぶを漬けて水を吸収させたりする。こんぶを漬けると、うまみが床に出て、床もおいしくなるし、こんぶもおいしい漬物になる。

ぬか床に入れるもので、忘れてはならないものに香辛野菜がある。春は、さんしょうの実、夏は、しょうが、みょうが、青とうがらし、秋は、赤とうがらし、しその実、冬は、ゆずやみかんの皮など、その季節にとれるものを加えて、ぬか床の味と香りをより豊かにする。

床漬野菜は、毎日の食卓に欠かせないものである。とくに、前日の晩に漬けたものは朝食のおかずとして出す。食後にも、お茶をいただきながら床漬を食べる。夏は食欲をそそり、野菜もいろいろに食べられるので、最高のおかずである。

床漬は、漬けた野菜を食べるだけでなく、ぬか床も調味料として使う。

ぬか床を調味料として使ったものに、じんだ汁がある。これは、婚礼で花嫁の衣装が変わるたびにお吸いものが変わり、そのお吸いものの最後に出されるもので、はまぐりのすまし汁にぬか床を入れたものである。

また、玄海灘や豊前海でとれた新鮮ないわしを、ぬか床でことこととやわらかくなるまで煮てつくる、ぬか味噌煮もおいしい。ぬか床の香りが魚のくさみを消して、骨まで食べられ、保存食にもなる。

いりこのぬか味噌煎りも保存食にする。いりことぬか味噌、砂糖、醤油をなべに入れ、汁気がなくなるまで強火で煮て、そのまま食べたり、熱湯を注いでお吸いものにしたりする。

（撮影　千葉　寛）　日本の食生活全集「聞き書き　福岡の食事」より

漬けるときのコツ

塩でまぶす

キュウリ、ナスなどは、塩をすり込むようにまぶしてから漬ける数時間～翌日が食べごろ。

小さく切る

ダイコンはぬか床に入る大きさに切る。皮はむいてもよいし、そのままでもよい。数時間～二日後。

ニンジンは小さいものはまるごと、大きいものは縦半分に切る。数時間～二日。

スイカの皮は、外側の皮をむき、赤い部分を取り除く。数時間でできる。

ゆでてから入れる

ラディッシュは葉っぱだけをさっと湯にとおす。水気を切って漬ける。三〇分程が食べごろ。

カボチャは軽くゆでて、小さくきる。さましてから漬ける。

アスパラは熱湯にくぐらせ、さましてから漬ける。

エダマメはゆでたあとに、実を取り出し、ガーゼなどにくるんで漬ける。

そのまま漬ける

ミョウガ、コンブ、キャベツの葉、葉ショウガなど。

野菜の床漬　毎朝毎晩、ぬか床をかき混ぜる。
（福岡県小倉市　撮影　千葉　寛）「聞き書き　福岡の食事」より

ぬか床の手入れ

一日二回かき混ぜる

朝夕、一日二回かき混ぜる。素手で底のほうから混ぜるのが基本だが、においがつくと困るときは、ビニール袋を手にかぶせる。

ぬかの上からたたいて空気をぬき、表面を平らにする。

容器の周辺についたぬかをふきとっておく。

ぬかを足す

ぬかは乳酸菌のエサとなるので、適宜加える。

水けがでたら

ぬか床の水分が多くなりすぎたときは、中央にくぼみをあけて、清潔な布巾で水を吸い取る。

たくさん漬ける人は、水分が多くなりやすいので、桶やおひつを使うとよい。

表面に白いカビのようなものができたら

ワインやぬか床の雑菌である産膜酵母によるもの。産膜酵母は普通の酵母とは違ういやなにおいの原因になる。表面のぬかをけずり取り、よくかき混ぜる。産膜酵母は好気性のため、ぬか床の中では繁殖できない。

すっぱくなったら

夏場は発酵がすすんですっぱくなりやすい。かき混ぜる回数を増やしたり、涼しいところにうつす。また、野菜を漬けっぱなしにしておいても、すっぱくなる。

野菜を取り出して、マスタードと塩を少々加えて発酵を抑える。

アルコール臭いとき

ぬか床の中の酸素が不足して、酵母菌（産膜酵母とは別）は強いアルコール発酵をするため、よくかき混ぜて、空気を入れ、アルコールをとばす。

しばらく使わないときは

何日も使わないときは、ふたのあるタッパー等にうつして、冷蔵庫に入れる。

表面が見えないくらい塩をふって、産膜酵母の繁殖を抑えるやり方もある。再び使うときは、表面の塩とぬかを取りのぞく。

代々受け継いできたぬか味噌床が少なくなったら、ぬか、とうがらしを足しながら、毎日下のほうからそっくりかき混ぜて、ぬか味噌床がわかないように手入れをする。

春から秋にかけて、きゅうり、しろうり、なすなどをつぎつぎに漬け、冬になったら、よくかき混ぜたあと、塩をいっぱい入れて、ふたをして保存しておく。

（東京都　葛飾区金町　撮影　小倉　隆人）　「聞き書き　東京の食事」より

冬場はあたたかいところに

ぬか床が一五度以下になると、乳酸菌の働きが弱くなる。二〇度前後になるように、暖かい場所におく。

京都府　丹波山間の夏の夕食

川魚の焼き魚、どぼ漬、ごはん、煮つけ（にしん、みょうが、いんげん、なす）。

どぼ漬にするものは、なす、きゅうり、しろうり、時無大根など。ぬか床に漬ける一夜漬である。さっぱりとした味で食欲をそそる。

（京都府京北町　撮影　千葉　寛）「聞き書き　京都の食事」より

あっちの話こっちの話

ぬか床から出る水はスポンジでとる スイカの皮のぬか漬けもおいしい

横田明子

兵庫県村岡町の田中よしこさんはとても元気な漬物名人のお母さんです。六〇年来漬けているぬか漬けのコツを教えてもらいました。

まず一つはぬか床の横側にスポンジも一緒に漬けておくことです。すると、スポンジがぬか床から出た水を吸収してくれます。水はコップなどでいちいち汲み出さなくてもスポンジを取り出して絞ればよいのでとてもラクです。

また、トウガラシを刻んだものを入れておくと、ぬか床が酸っぱくならないそうです。

これからの季節はキュウリやナス、ウリ…とよしこさんの好きな素材がいっぱいあります。

スイカの皮もおいしいそうで、フォークなどで赤いところをきれいに食べたら、緑色の皮を薄くむいて一昼夜漬けるそうです。短冊型に切ってお客さんに出したら、「おいしい」と評判でした。ポリポリと歯切れよく、すぐに食べてしまうので、誰も気付かないそうです。

こんな工夫でこの夏のぬか漬けをおいしくしてみませんか。

二〇〇〇年八月号 あっちの話こっちの話

食べきれないぬか漬けは、粕漬けにまわす

佐藤創作

無農薬の米や野菜を家族に食べさせようと、あれこれ試している、兵庫県篠山市の北山正子さんのお宅で、とてもおいしい粕漬けをごちそうになりました。

ふつう粕漬けといったら、下漬けで塩に漬けます。でも、正子さんのところでいただいた粕漬けは、いったんぬか漬けにしたものを粕に漬けてありました。

キュウリやナスをぬか漬けにするのですが、たくさんとれる夏の間はとても食べきれず、酸っぱくさせてしまうことがありました。そんなぬか漬けを洗って水気をふきとり、粕漬けにしてみたそうです。味は思ったより塩気がなくて、とても食べやすい味です。

これだと、食べきれずにいたぬか漬けも無駄なく使えます。正子さんが粕漬けを作るとき、塩漬けを長く漬けすぎてしまうことがありましたが、こんな失敗もなくなりました。

何より喜んだのが、「漬物さえあれば生きてゆける」とつねづね言っている、旦那さんの守さん。こんなやり方で食べきれないぬか漬けを粕漬けにして、よみがえらせてみませんか。

二〇〇〇年一月号 あっちの話こっちの話

青トマトのぬか漬けもおいしい

山口県下関市　前永久代さん

前永さんが子どもの頃から作っていたのが「青トマトのぬか漬け」。硬くてなかなか赤くならない青トマトを、ダイコンなどと同様、ぬか漬けにすると、さっぱりとした漬物になって、赤いトマトにはない風味があるとか。

青トマトは丸のままでもよいのだろうが、早く漬かるようにと、ヘタをとって上下半分に切り、十文字に隠し包丁を入れてぬか床の中に。

トマトの「ず」（ゼリー部分）が気になるようであれば、ガーゼでくるんで漬けてもよい。一晩ほど漬ければＯＫ。ちょっとしょう油をたらして食べるのもおいしいそうだ。

二〇〇四年五月号　青トマトのぬか漬けもおいしい

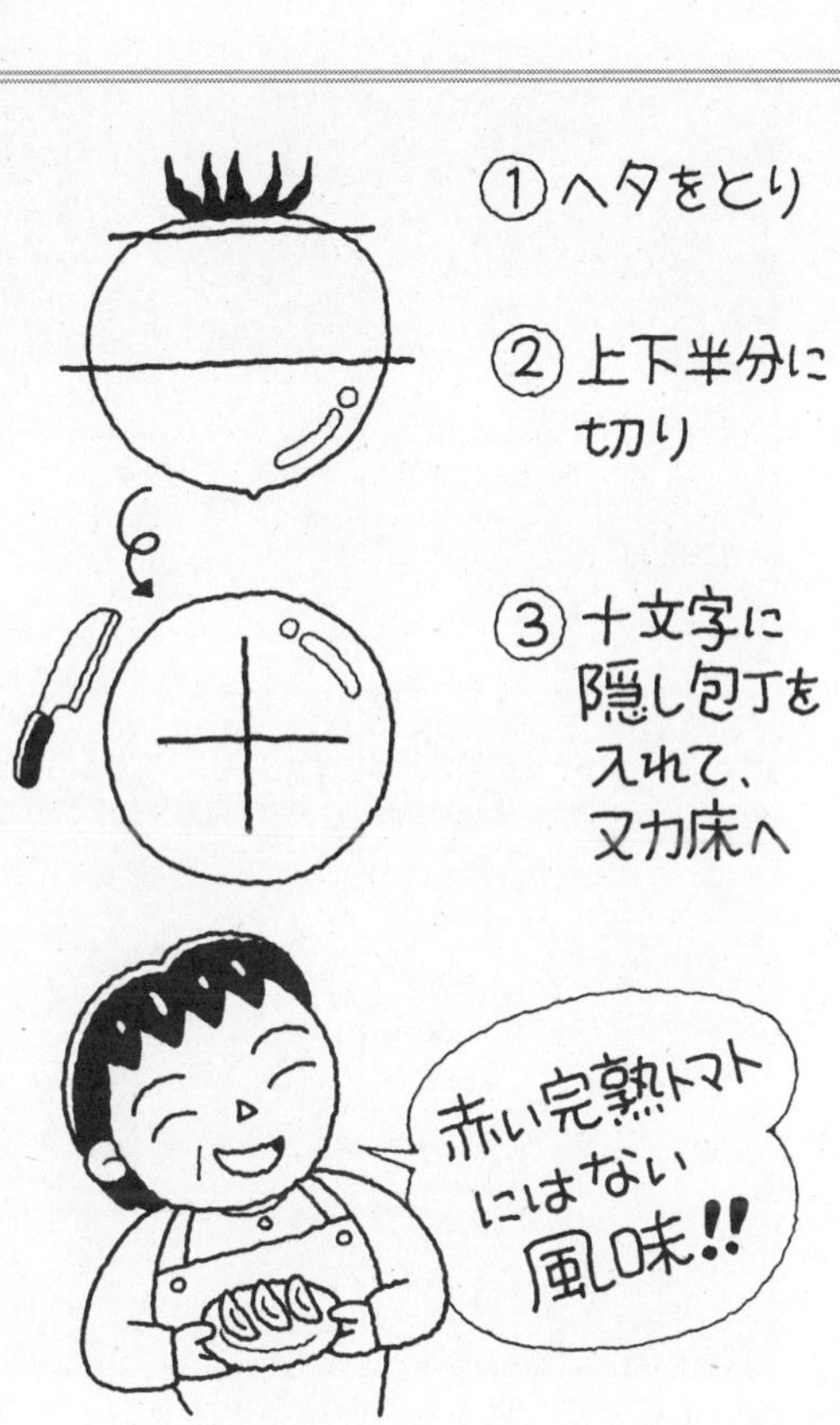

山椒の葉っぱで漬け床のカビ防止

美味しいぬか漬けには山椒の葉と実が欠かせません

細川恭子

大分県耶馬溪町の下郷農協は、有機農業と産直に取り組む熱心な農協として有名です。この農協の組合員である山下英子さんに、漬物のぬか床をカビから守る、簡単でいい方法を教えてもらいました。

なんと、漬け床の表面が見えないように山椒の葉っぱを敷き詰めるだけ。さらに山椒の実を漬け床に混ぜておけば、腐敗防止効果も高まって、味もよくなるとのこと。

山椒の実を混ぜるのは、この辺りの農家はみんなやっていますが、葉っぱを敷くのは英子さん独自の工夫だそうです。みなさんも試してみてはいかが？

二〇〇一年十二月号　あっちの話こっちの話

漬けこむ前に「葉ぶた」の準備をする

伝承される味覚

たくあん漬け

茨城県稲敷郡桜川村

たくあん漬をつくるには、まず大根をよく洗って縄で編み、軒下につるして干す。

二週間ぐらい干した後、漬けこむのであるが、漬けこむ前に、葉ぶたを準備する仕事がある。

大根から葉の部分を切りとっておき、漬けこむときに樽の木ぶたに接する部分に葉をあてるのである。この葉を切りとる作業は、干す前でも干した後でも、どちらでもよい。

こうするとかびの防止にもなり、漬けた大根の色がわるくならない。また、この葉ぶたそのものも漬物として食べる。

漬けこみは十二月中に行なう。四斗樽に約一六貫、干した大根にして一〇〇本ぐらいを、塩と米ぬかだけで漬けこむ。

塩と米ぬかの量は合わせて一斗くらいであるが、その比率は食べる時期によって異なる。

たとえば、二月に食べるものは塩二升に米ぬか八升、三月に食べるものは塩三升に米ぬか七升、四月に食べるものは塩四升に米ぬか六升、五月に食べるものは塩五升に米ぬか五升といったぐあいである。

しっかり葉ぶたをして約16貫の重石をのせる。はじめ1カ月くらいは暖かいところへ置いて発酵を促し、水が上がれば寒いところへ移す

12月中に、米ぬかと塩をまぶして漬けこむ。漬けこむ量は四斗樽に干し大根100本くらい

重石は一六貫ぐらいにする。また、漬けこみの作業は力仕事であるから、主として男の仕事である。

たくあん漬は毎日毎日、田植えの終わる五月ごろまで食べるので、漬けこむ量は四斗樽にして三、四本である。

余分に漬けこんでおき、火事見舞いなど、出来事のあったときに手みやげがわりにすることもある。

漬けはじめから漬くまで一カ月ぐらいは暖かいところに置き、水が上がると寒い場所へ移す。

（撮影　千葉寛）

日本の食生活全集「聞き書き　茨城の食事」より

佐野始子

<ポイント>
水が上がってきたら少し重石を軽くしても、いつも4～5㎝は水があるくらいにしておくのが味が変わらないようにするコツ。夏越し用は最後の一本まで重石を減らさないのが味を落とさないコツ。

③

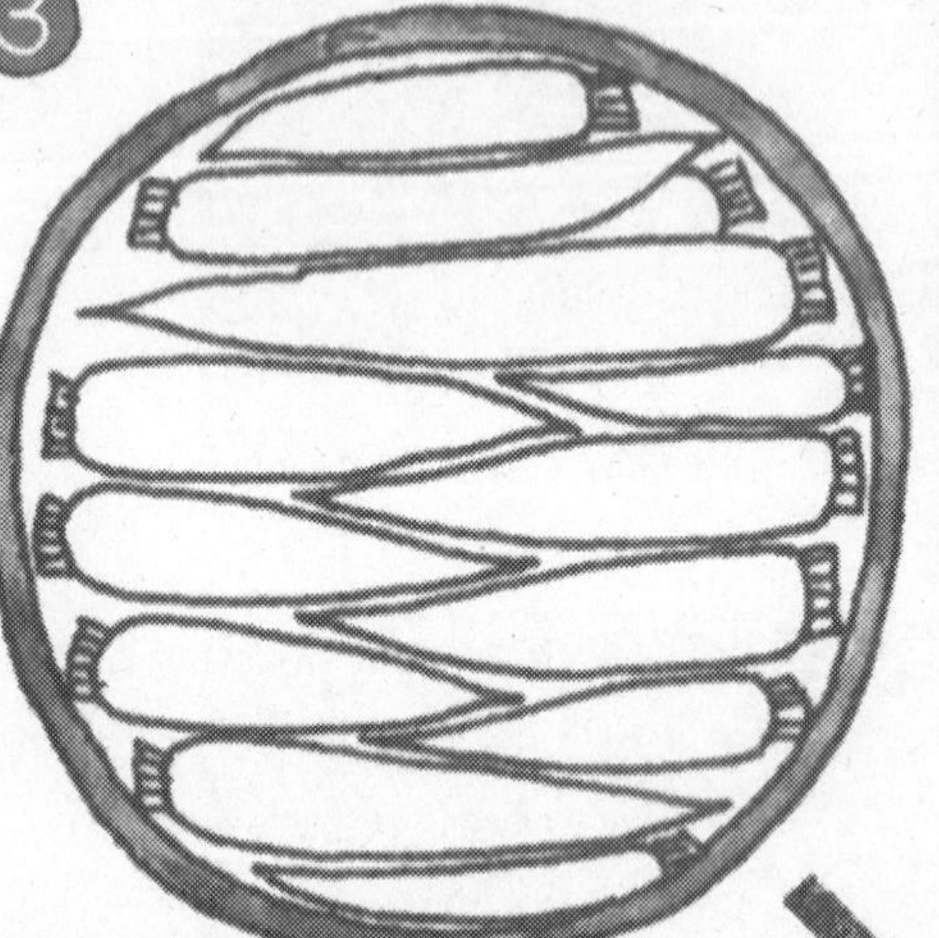

② の桶で混ぜたぬかを漬桶の下段にふり込み、ぎっしり並べる。またぬかをふり込んでいく。

④

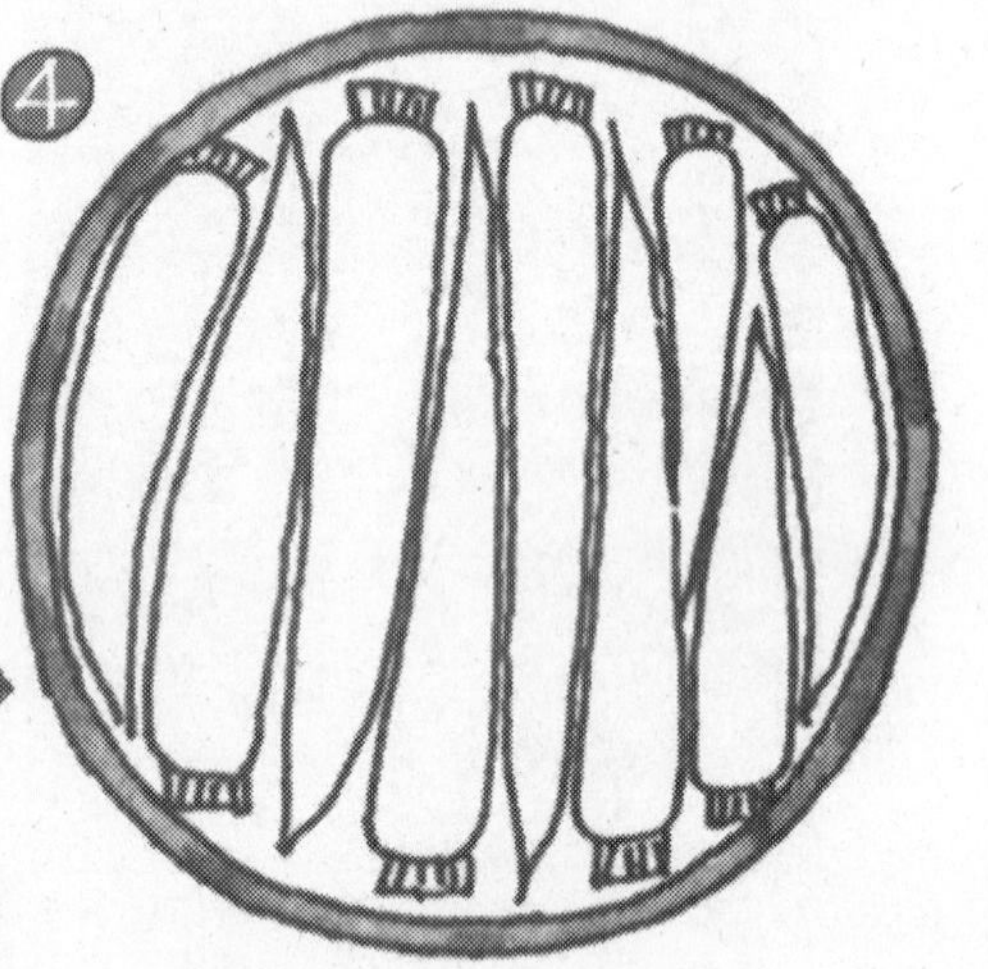

次の段では大根の向きを変えて作業をくり返す。

⑤

干し葉をたっぷり広げるようにのせて、早く水が上がるように、重石はたくさん使う。

大根くささが気にならない方は、1カ月くらいから食べられます。

静岡 シンプル たくあん漬け

減塩と添加物で味をごまかしている現代のお漬け物で生活している方々に、この私流のシンプルなたくあん漬けは、安全のたべ物市で大うけです。漬け方の伝授もして喜ばれております。毎年みかんの収穫が終わって正月明けに採り、お天道さまに1週間くらい当てて寒仕込みします。

1 この形になるまで干す。

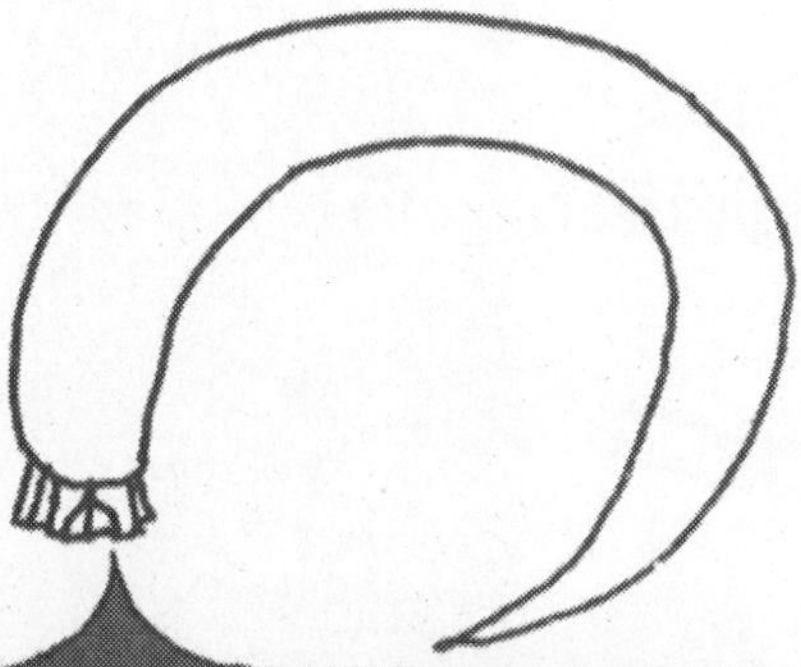

少し茎をつけておくのが味が変わらないコツです。

2

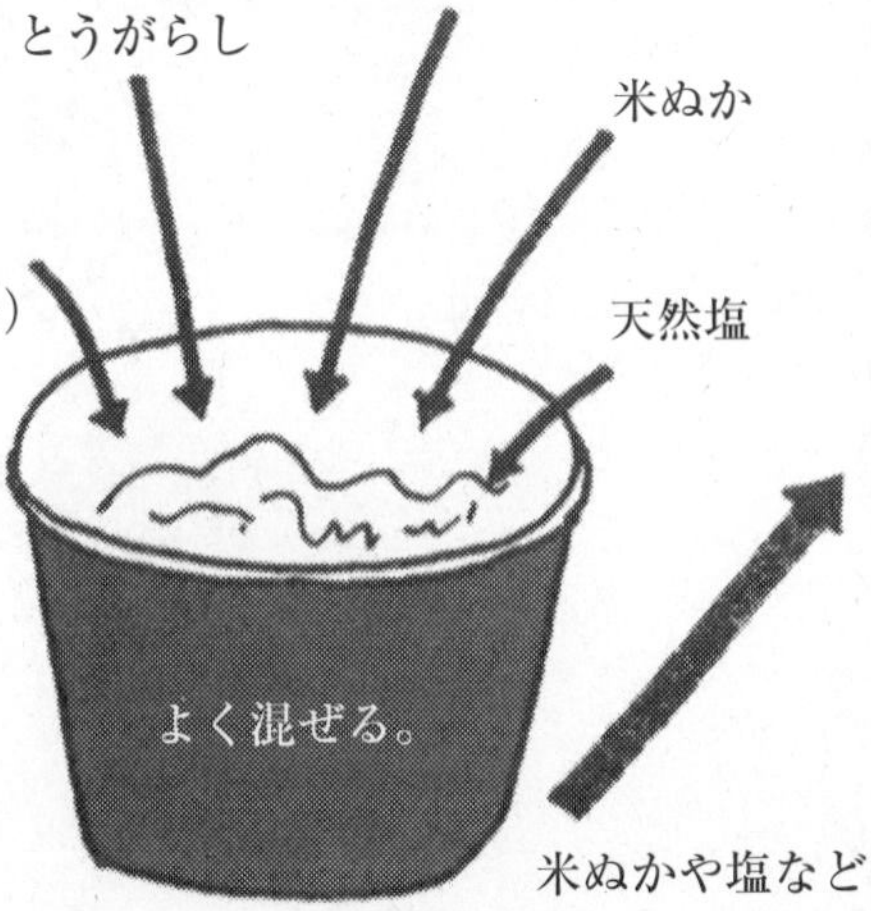

米ぬかや塩などをよく混ぜる。

〈材料〉

干大根――――――適量
天然塩 ―――干大根の6%

これは3月～4月の内に食べ切るばあい。
暑くなる前に食べ切るには8%で。
夏越し用のたくあんは10%で漬けています。

米ぬか ――――――
早く食べる桶用には7～8%のぬかで、夏越し用の桶には5%で漬けます。

なすの葉の干したもの
とうがらし
きざみ昆布
} 適当

ハリハリ

同級会漬

岩手県 大東町
鈴木 明美

① 材料を千切りにする。

② 切り干しダイコンは、さっと水洗いする。（もどさない）

③ ※の調味料を鍋に入れて煮とかし冷ましておく。

④ 全部を混ぜ合わせ軽く重石をする。
翌日から食べられる。

〈材料〉

たくあん（中ぐらいのもの）		1本
切り干しダイコン		約200g
ニンジン		1本
コンブ		20cmくらい
生ショウガ		1片
白ゴマ		50g
※	酢	1/4カップ
	しょう油	1カップ
	さとう	1カップ
	みりん	1/2カップ
	酒	1/2カップ

ニンジン、コンブが入っていて彩りもよく、たくあんの臭いも気にならないので、お弁当に入れても、お酒のおつまみにも喜ばれています。

11月に漬けたたくあんと、保存してあったダイコンとの同級会のような気がして、ダイコンの良さをいかした漬物だと思います。

漬け物お国めぐり

たくあんと切り干しダイコンの

前の年の11月初めに収穫したダイコンは、$\frac{1}{3}$をたくあんに漬け、残りは土の中にいけたり、洗って乾かし、1本ずつ新聞紙に包んで家の中に保存し、冬中食べます。

2月末から3月初めにかけて、残っているたくあんと、保存しておいたダイコンで作った切り干しとでハリハリ漬を作ります。

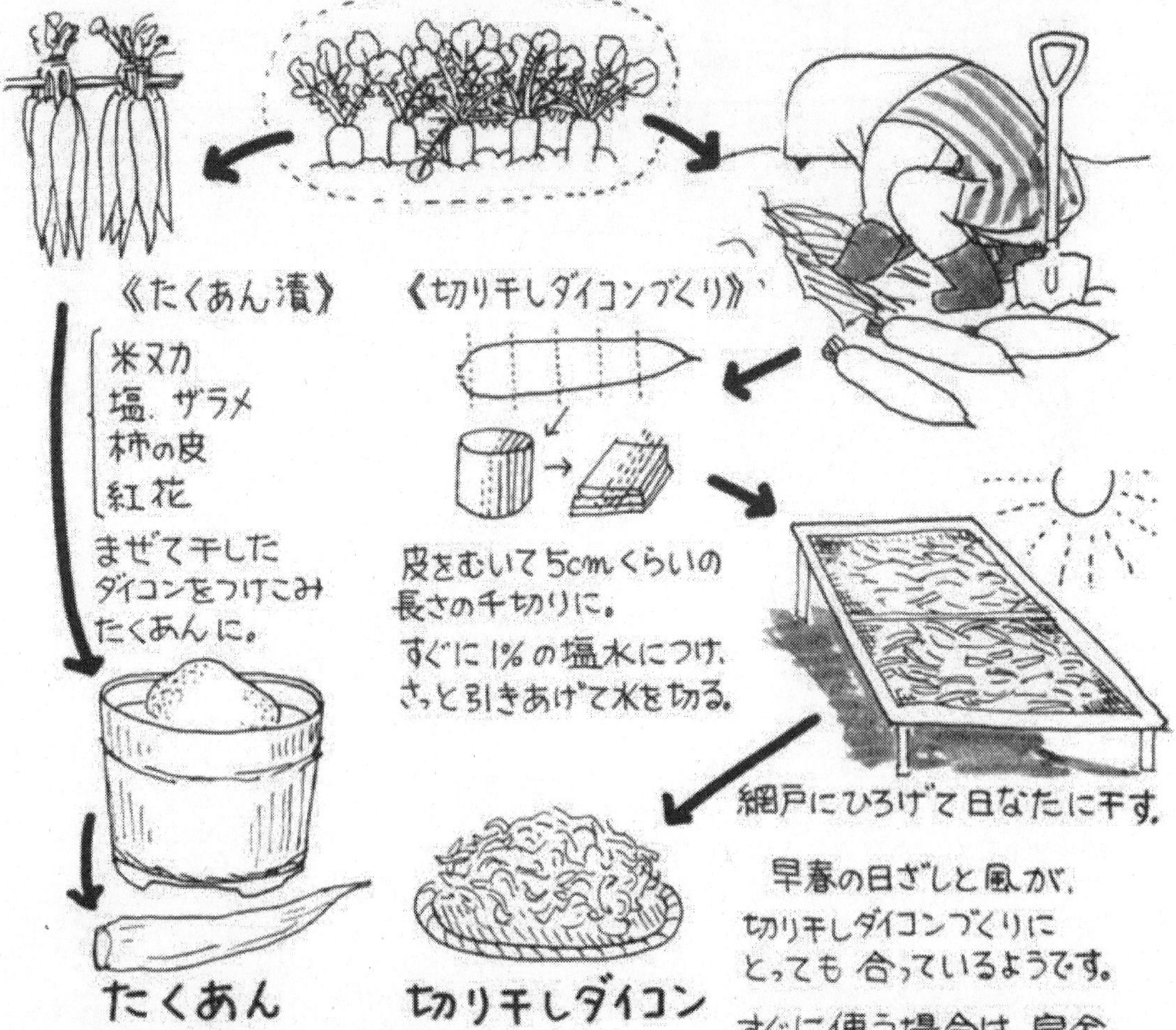

《たくあん漬》
米ヌカ
塩、ザラメ
柿の皮
紅花
まぜて干したダイコンをつけこみたくあんに。
《切り干しダイコンづくり》
皮をむいて5cmくらいの長さの千切りに。
すぐに1%の塩水につけ、さっと引きあげて水を切る。
網戸にひろげて日なたに干す。
たくあん
切り干しダイコン

同じ畑出身の同級生

早春の日ざしと風が、切り干しダイコンづくりにとっても合っているようです。

すぐに使う場合は、完全に乾かなくてもよい。

万野冨美子
中村紀子

❺

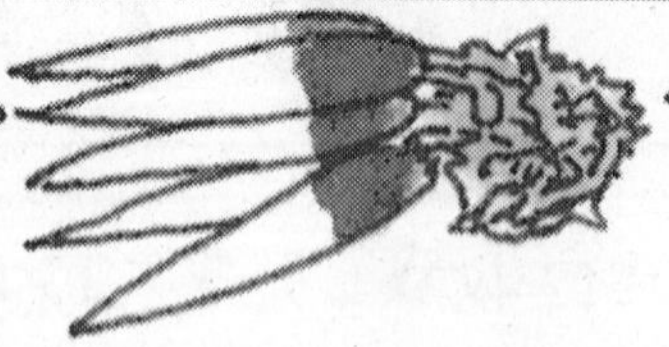
← 葉をねじる。

塩・糠

塩・糠をふり入れたおけに、ワラをはずして1わの半分くらいずつ葉をねじりながら一ならべに並べる。すきまのないように平らにならべること。

☆一度に出す量くらい。少家族では小さく。

❻ 一ならべしたら、また塩と糠を入れ、次に日野菜というように交互に入れ、一番上段はワラの中をしばったものをおけのまわりにおく。

バラバラにならないようにしばったワラ。

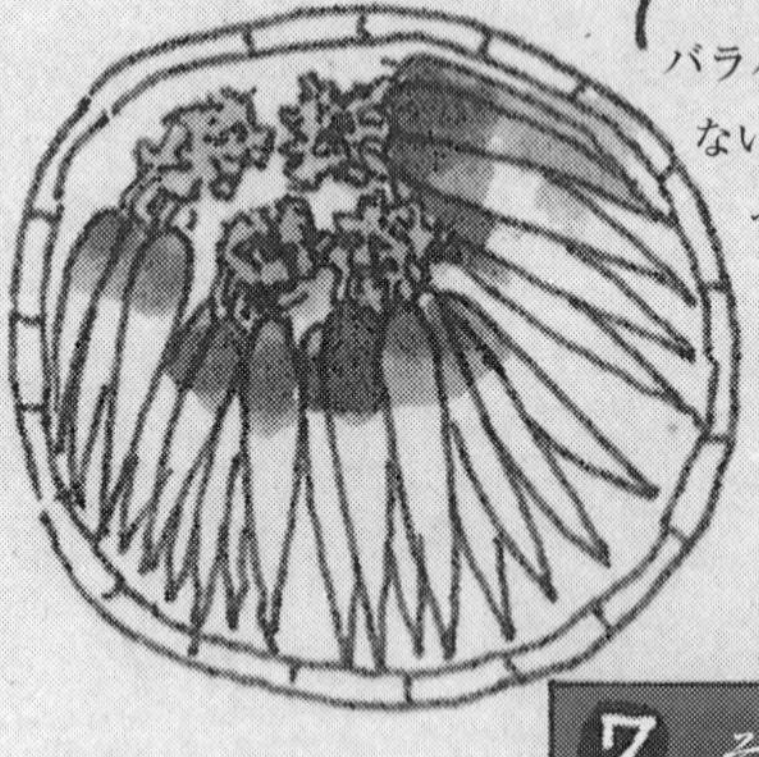

❼ その上に押蓋をおき、日野菜と同量くらいの重石をおく。

❽ 2週間くらいで食べられる。根は拍子切りかななめ切りまたは輪切りにし、葉はみじん切りにする。日野菜の辛みがまだ残っている頃から食べはじめる。あまり一度にたくさん漬けないで、残り少なくなった頃また漬けるとよい。正月前に漬けるのは少し塩を多くし、正月をこして1.5〜2カ月くらいまででも食べられる。都会の人へ大根の漬物や梅干しといっしょにおみやげとしてあげると喜ばれる。

滋賀 日野菜の糠漬け

滋賀県の特産である日野菜は、細大根に似た形から大根の仲間と思われがちですが、赤かぶの仲間で、ピリッとした辛みとほろにがみが独特の風味になっています。

根の下部は白色ですが、首の部分は5cmほど地上に突き出ていて濃紫紅色で、漬物にするときれいな桜色になります。一番おいしいのは11月になってから漬ける糠漬です。

〈材料〉

日野菜	
塩	4～5%
米糠	4～8%

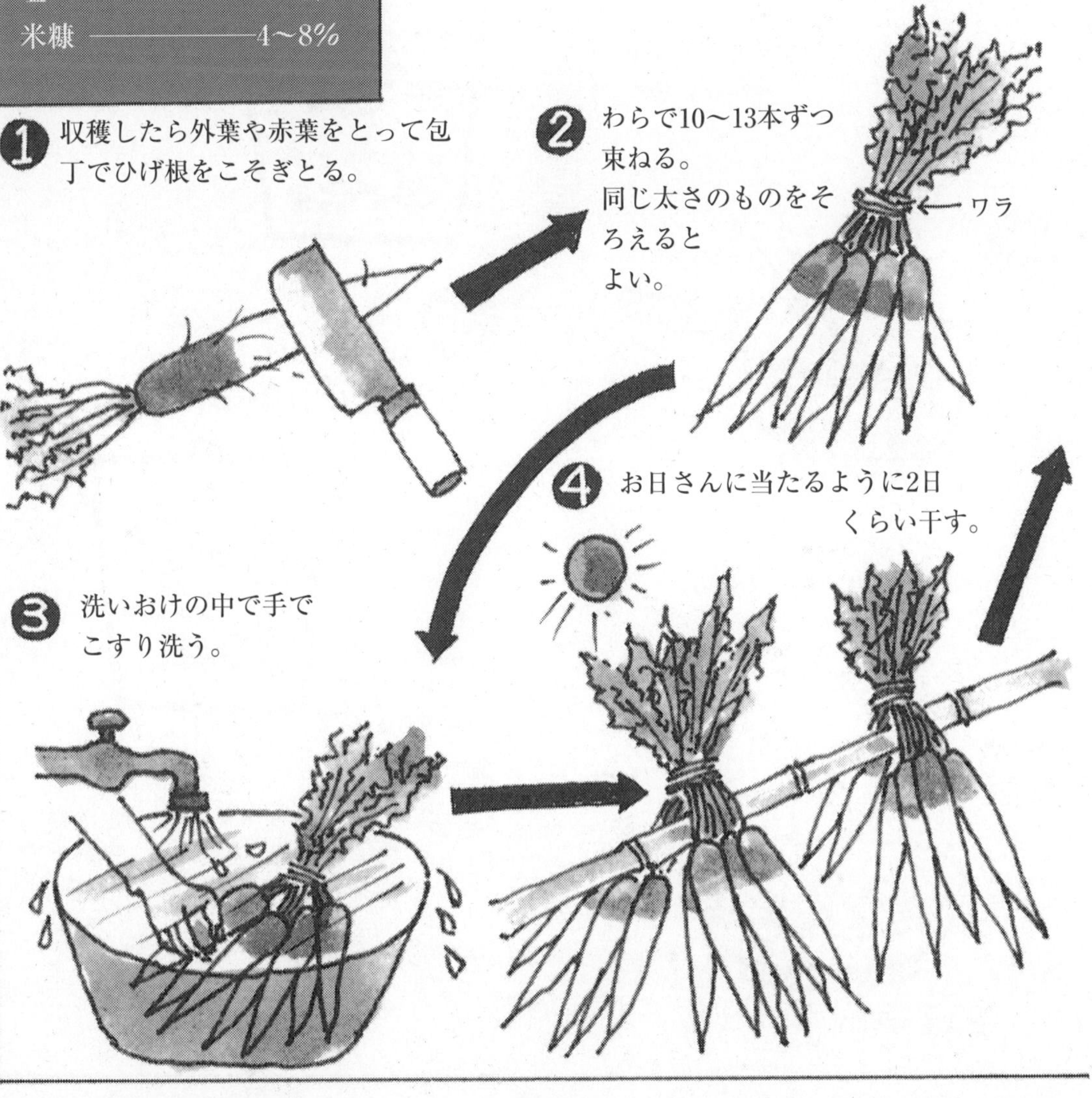

❶ 収穫したら外葉や赤葉をとって包丁でひげ根をこそぎとる。

❷ わらで10～13本ずつ束ねる。同じ太さのものをそろえるとよい。

❸ 洗いおけの中で手でこすり洗う。

❹ お日さんに当たるように2日くらい干す。

中西貴富美
山下浩美

2

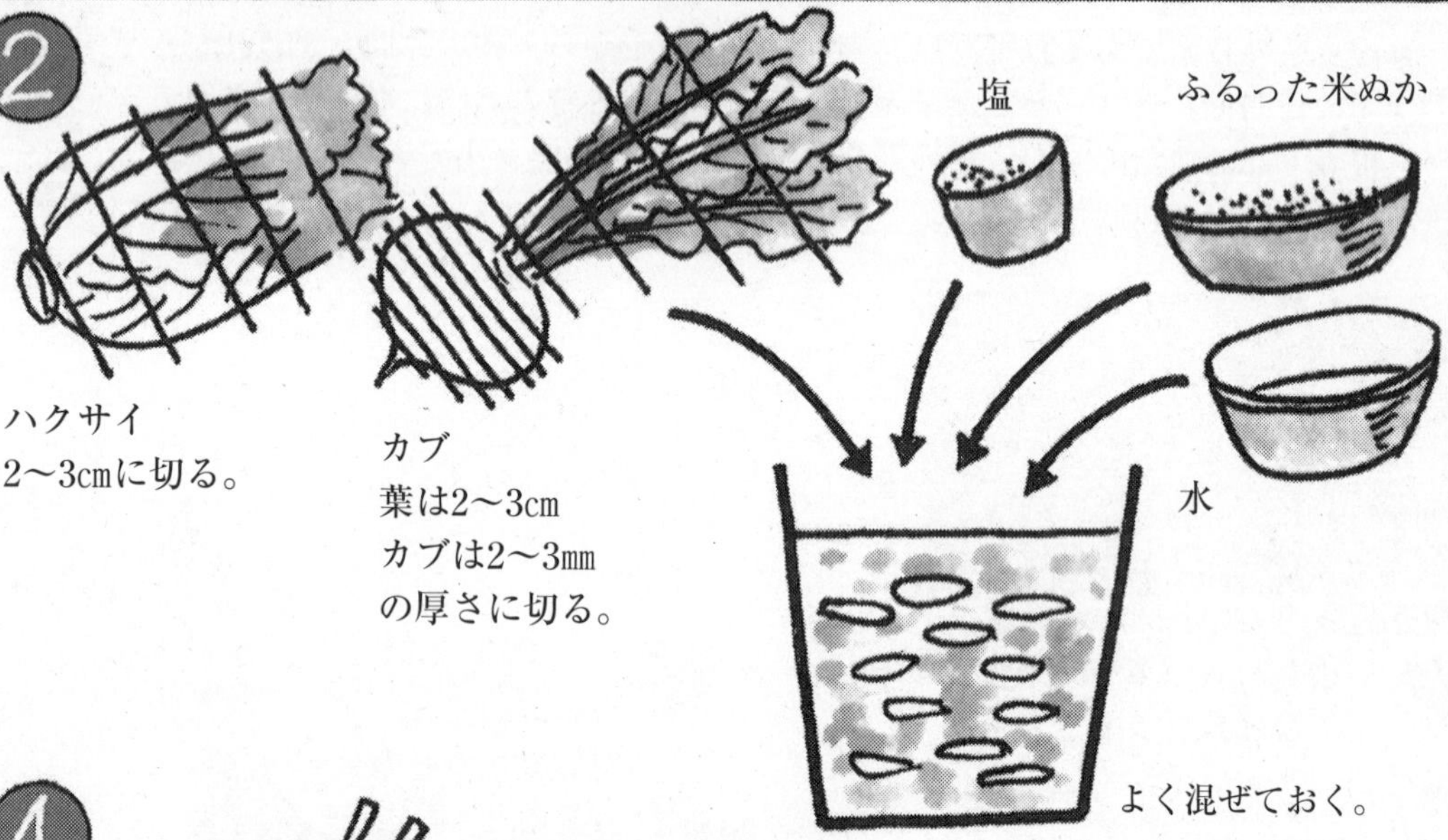

ハクサイ
2〜3㎝に切る。

カブ
葉は2〜3㎝
カブは2〜3㎜
の厚さに切る。

よく混ぜておく。

3

涼しいところで
3〜4日熟成。
毎日1回は混ぜる。

4

ぬかのついたままの
カブ、ハクサイを鍋で炒る。
温まったらよい。

5

熱々を食べるとおいしい。

6

食べてしまうと、新しい
野菜、米ぬか、塩を
追加していく。
酒の肴にもよくあう。

徳島 どろぼう漬け

徳島県海南町川上地域で、昔から各家庭で食べ伝えられているこのどろぼう漬は「飯どろぼう」という意味で言われています。カブ、ハクサイなどのぬか漬をぬかのついたまま鍋で炒って食べる温かいお漬物のことです。

ぬかが香ばしい熱々の「どろぼう漬」をご飯といっしょに食べると、とってもおいしいのです。米ぬかにはビタミンBが豊富に含まれ、栄養的にもとてもよい食物だといえます。

12月から2月の寒の間だけつくられます。

暖かい日が続くと味が変わってしまいますので要注意！

材料
（3 ℓ程度の樽のばあい）

中カブ（葉も含む）	3個位
ハクサイ	1/4個
塩	大さじ3杯
米ぬか	100〜200g
水	300〜400cc

※しゃく葉もおいしい

1 米ぬかは新しいものを選び、フルイ（目の細かいもの）で米ぬかの中の砕米や胚芽を除いておく。

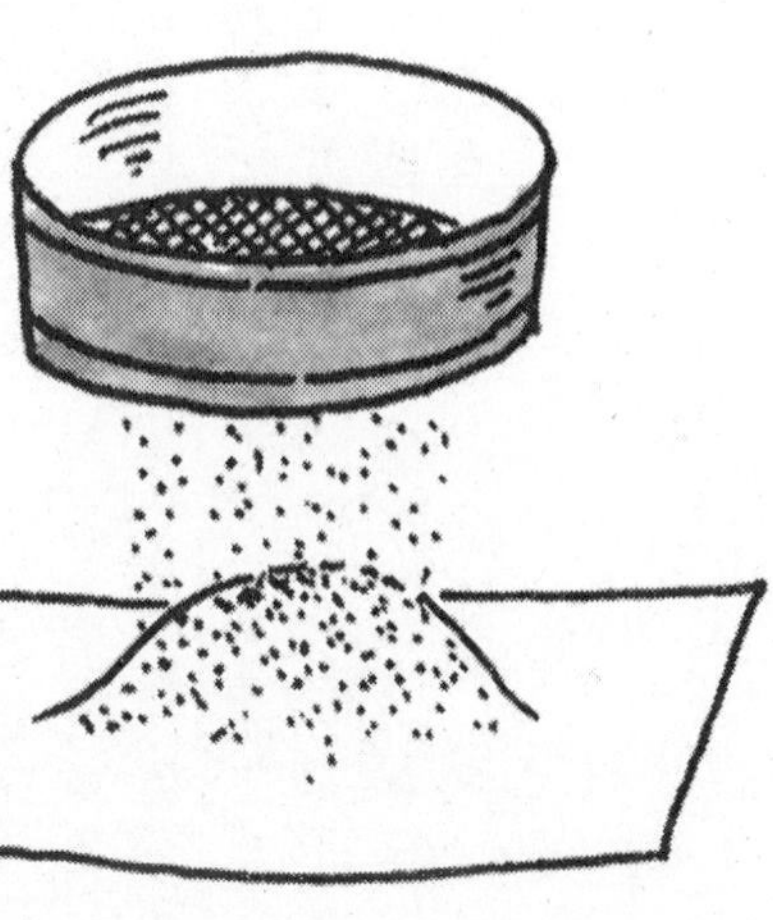

大阪府　天満雑貨商の食

夏祭りの活気で疫病を吹き飛ばす

どぶ漬、浅漬で食がすすむ

夏の朝ごはん
梅干し、お番茶、ぶぶ漬にするえんど豆入りの冷やごはん、きゅうりのどぶ漬

朝ごはん

えんど豆の季節になると、毎日のようにえんど豆のごはんを炊いて食べる。そして翌日の朝はぶぶ漬にする。えんど豆ごはんとそらまめごはんは家族全員の好物である。きゅうりとなすびのどぶ漬（ぬか味噌漬）、浅漬は夏に毎日食べる。

昼ごはん

うざくは、きゅうりの酢のものにうなぎのかば焼きのはしをきざんで混ぜたものである。きゅうりの酢のものには、ちりめんじゃこ、わかめ、はもの皮、焼きあなごなども混ぜてつくる。酢の味がまったりとしておいしくなる。なすびのどぶ漬を、色よく漬けるため、ぬか床に鉄くぎが入れてある。

冷やしそうめん、冷やしうどん、冷ややっこ、しろうりのくずかけ、たらこの焼いたん、なんきん（かぼちゃ）の煮つけ、三度豆（さやいんげん）のごまあえなども夏にはよくつくる。なすびはおひたし、焼きなすび、でんがくにしたり、干しえびやじゃこと炊いたり、いろいろに料理できる。白くて弾力のあるさらしくじら（まっこうくじらの腹と尾の部分の薄切りをゆでて脂肪をとり、冷水でさらしたもの）のからし酢味噌あえもときどき食膳にのぼる。

若奥さんと子どもたちは、あんパンやクリームパンと牛乳で昼食にすることもある。

おやつ

かき氷、ところてん、干し飯、すいかのアイスクリン

かき氷は、冷蔵庫の氷を氷かきでかいて、白砂糖を煮溶か

して蜜をつくってかける。小豆を甘く炊いてかき氷をかけたものは、「亀山」という。ところてんは寒天でつくり、寒天突きで突いて、黒砂糖で黒蜜をつくってかける。

いたみかけたごはんやおひつばらい（おひつを洗うこと）したときの米粒は、乾燥させてほうらくで炒って、砂糖と醤油を煮つめてからめ、干し飯をつくる。「米を一粒でも粗末にしたら目がつぶれる」という姑さんの教えを守り、若奥さんはごはんをとくに大切にする。

このほか、なんばきび（とうもろこし）を塩ゆでにして、ハーモニカをふくようにしてかじって食べる。旦那さんが背負いの商いから帰ってくると、すいかの果汁入りのアイスクリンを所望するので、若奥さんは筋向いの店に小さいお鉢をもって毎日のように買いに行く。果物では、すいか、夏みかん、黄まっか（まくわうり）、青まっかがある。

夏の昼ごはん
うざく、えんど豆入りの冷やごはん、なすびのどぶ漬

夏の夕ごはん
なすびときゅうりの浅漬、いわしと土しょうがの煮つけ、ぬくごはん、青ねぎ入りのおから

夕ごはん

お昼すぎ、「いわしいわしー、手々かむいわしー（手をかむほどいきのいいいわし）」と自転車にとろ箱を積んで売りにくるので、ざるに一杯買って頭と腹をとり、土しょうがと煮つけて食べる。その煮汁に水と砂糖と醤油を加え、おからを炊く。煮つめて最後に青ねぎを小さく切って混ぜる。盛りつけた上に紅しょうがのせん切りを散らすといろどりがよく、いっそう食欲をそそる。なすびときゅうりの浅漬は、食べごろを見計らって食卓に出す。

夏の夕食には、ライスカレーをつくることもある。また、はもの骨切り（皮だけ残して小骨のある身の部分に細かく包丁を入れること）したものを買って煮つけやつけ焼きに、あじを塩焼きに、あるいは素焼きにして酢醤油につけて食べる。とびうおの干ものも焼く。焼きぎすはお焼きと炊く。

南京豆や目刺しをつまみにして飲む冷たいビールの味は生きかえるようだ。子どもたちはサイダーか麦茶である。扇風機を回しながら食事をする。

（撮影　倉持正実）

日本の食生活全集「聞き書き　大阪の食事」より

あっちの話こっちの話

カラッと香ばしい米ぬか天ぷらが大人気
アイガモ水稲同時作なら米もワラもぬかもおいしい？

清野由子

宮崎県串間市の内野政利さんは、完全無農薬栽培に取り組む兼業農家です。アイガモ水稲同時作で無農薬栽培しています。お米はもちろんですが、ワラも味がいいのか、牛の食い込みがたいへんいいそうです。そして米ぬかも人気。ただし、こちらは人間が食べるのです。

内野さんは、アイガモ米を買ってくれるお客さんに米ぬかの天ぷらを教えています。米ぬかにゴマを混ぜて練り、それをカラッと揚げる。すると香ばしい香りがして、子どものおやつにもピッタリです。

最近では、この天ぷらが皮膚病に効いたという人もいて、内野さんの米ぬかをもっと分けてほしいという問い合わせがひんぱんにあります。

お米も米ぬかも、子供や身体の弱い人に食べてもらうので責任重大。内野さんは、そう思うと力がわいてくるそうです。

一九九六年四月号　あっちの話こっちの話

お茶うけに好評たくあんの麦芽漬け

小出優

福島県はよくお茶を飲むお国柄、挨拶の次にはまずお茶です。そんなわけで、当然ながらお茶うけもいろいろと工夫しています。

いわき市川前町の佐藤スミ子さん宅でいただいたお茶うけのたくあん。「ん？　うまい」どこか違う本物の味。

「実はねぇ、これ麦のモヤシたのを、米ぬかと混ぜて漬けたの。すこし甘みがあるでしょう？　麦芽の甘さを生かしたわけ。甘味料は使いたくないし、柿の皮と一緒に漬けるのもいいけど、それとは少し違った味が出るんだよね」

スミ子さんが結婚したのは、終戦の翌年でした。砂糖などあるはずもなく、今は亡き母親が麦芽で水あめをつくり、それで結婚式用のあんこをつくってくれたそうです。それで、麦芽の甘さを生かしてみたいと思ったんですね。

スミ子さんのたくあんは四斗樽に漬けます。漬け床は、麦のモヤシ（種モミのハト胸より少し長いくらい）をカラカラに乾燥して粉にひいたのを三升と、米ぬかを五升、あわせて八升を漬け床にします。それに、ダイコンが「へ」の字くらいにしなるまで干して、漬けこむのです。

「麦のモヤシを多くするほどおいしくなるけど、長期間はもたなくなるから三対五くらいがいいみたい。あとは塩加減だけど、これはむずかしいねぇ。ダイコンの干しぐあいと関係するから、ダイコンに聞くしかないみたい……」

「家族が食べる量より、お客様が食べてくれる量のほうが多い気がする」と、スミ子さんはニコニコ顔でした。

一九八七年十二月号　あっちの話こっちの話

漬物は病気を治す予防する

小川敏男　漬物研究所

中国に「食は大薬、薬は小薬」という言葉があります。日ごろの食事は健康のための大きな薬であり、医者の薬は、毎日の食事に比べたら小さな薬に過ぎないというのです。

近年、食生活の洋風化が進み肉食がふえる半面、野菜が不足しがちで、文明病といわれる糖尿病、循環器病やガン、胆石症などが多くなってきました。

漬物は野菜を原料にしているので、野菜のもつ健康さをそのまま受けついでいます。野菜には、穀類や肉、魚などにはない、野菜ならではの重要な健康性を持っています。また、薬効のある特殊成分を持っているものもあります。

美味しい自然食漬物をとおして病気を予防し、また、病気を治すこともできるのです。

生活習慣病を予防する食物繊維の力

糖尿病、循環器病など生活習慣病がわが国でも多くなっていますが、イギリスのパーキット博士によって、食物繊維不足が大きな原因となることが、明らかになっています。

野菜、海草、きのこは食物繊維を最も多く含んでいます。漬物はこれらを材料にしていますから、食物繊維をとるのに適した食品です。食物繊維はまた、胃腸の働きを活発にし、便通をよくする効果もあります。

酢の健康効果をいかす

酢漬け、梅干しなどはとくに酸が多いのですが、どの漬物にも多かれ少なかれ酸が含まれています。酢漬けには酢酸が、梅干しにはクエン酸・リンゴ酸が、発酵漬けには乳酸が主に含まれています。

ノーベル賞学者のクレプス博士によって、酢がエネルギー代謝をスムースにして、健康増進に重要な役割を果たすことが明らかになりました。

また酸は胃腸内の酸度を保ち、整腸や殺菌の働きをします。伝染病がはやると梅干しを食べろ、といわれますが、梅干しの強い殺菌作用によるものです。だから調味に酢などを加えて、酸の効用を高めた漬物にすることです。

ぬか漬けには豊富なビタミンが含まれている

漬物は野菜に含まれるビタミン類をそのまま受け継いでいます。有色野菜にはカロチンによるビタミンAを含み、一夜漬け類はとくにビタミンCが豊富です。ビタミンAは、ガン抑制の働きがありますから、緑黄色の野菜を活用しましょう。

ぬかみそ漬けは、ぬかからビタミンBが野菜に補強されますから、ビタミンB_1・B_2の含有量が生の野菜より多くなります。ビタミンB_1は脚気などの神経症に効果があるのです。

不足しがちなミネラルの補給源

近年、日本人のカルシウム不足が問題になっています。カルシウム不足は、骨の成長をさまたげます。カルシウムは体液の酸度を調整し、また精神を安定させる役割があります。

漬物には野菜からくるカルシウムが多く、またカリウムなどの無機塩類の補給源ともなります。

卵のカラ一〜二個を内部の薄い膜を洗い捨てて、手でつぶしてぬか床に混ぜてください。

カラのカルシウム分が溶け出て、ぬか床の乳酸と結合して水溶性の乳酸カルシウムとなり、やがて漬け込まれた野菜の中に入ってカルシウム強化漬物になるのです。

ぬか床の酸味が強過ぎる場合には、酸味をやわらげる効果もあります。

野菜や山菜の薬効成分が高まる

野菜や山菜や海草には、特有の特殊成分をもつものが多く、各種の病気に効用があります。これらを漬物に配合することで、その薬理効果を高めることができるのです。

たとえば山菜のタラの芽にはタラリンという成分が含まれており、糖尿病・腎臓病に効

きゅうりのぬか漬けのビタミン（mg/100g）

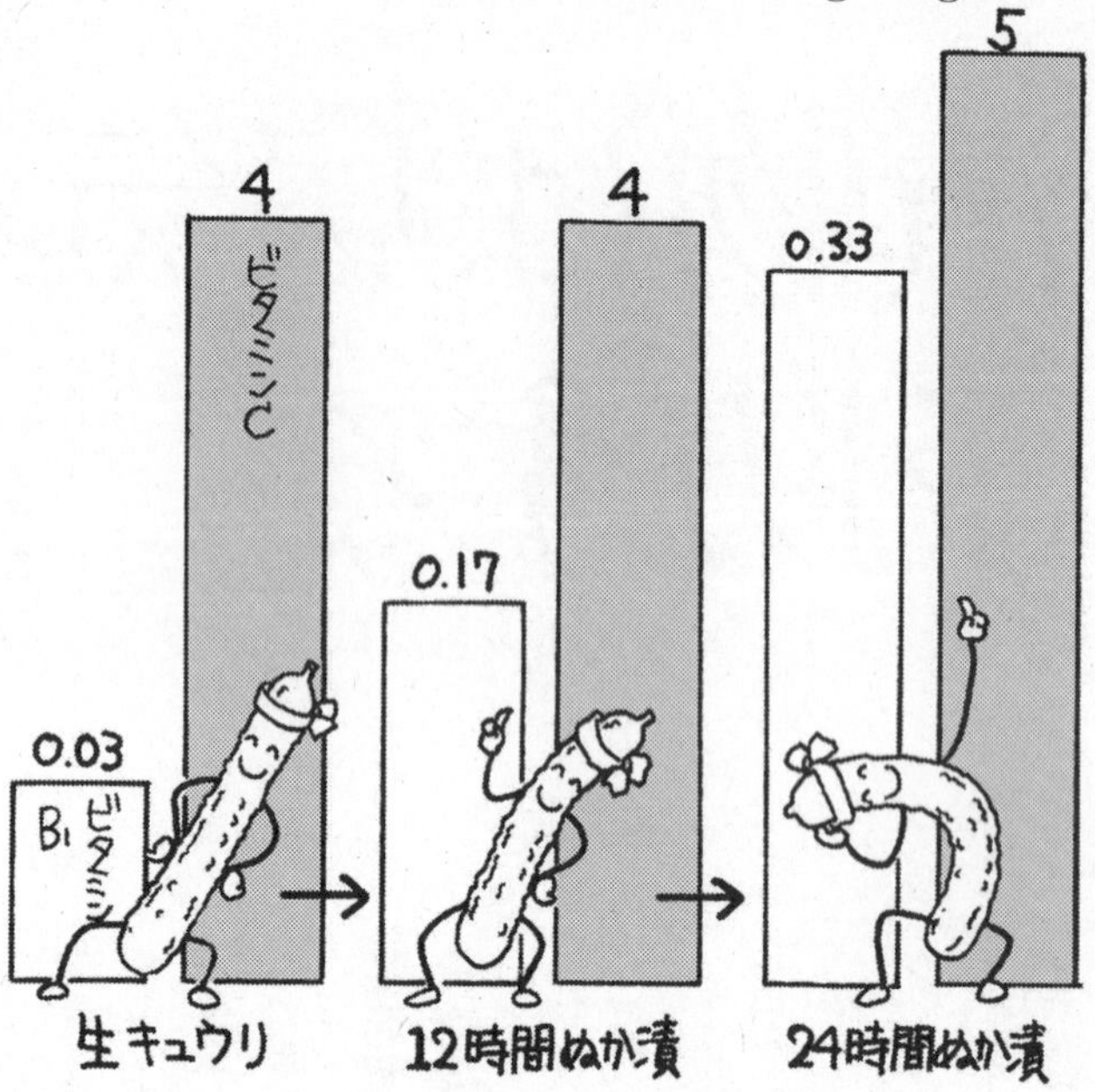

（小川漬物研究所による）

漬物のカルシウム

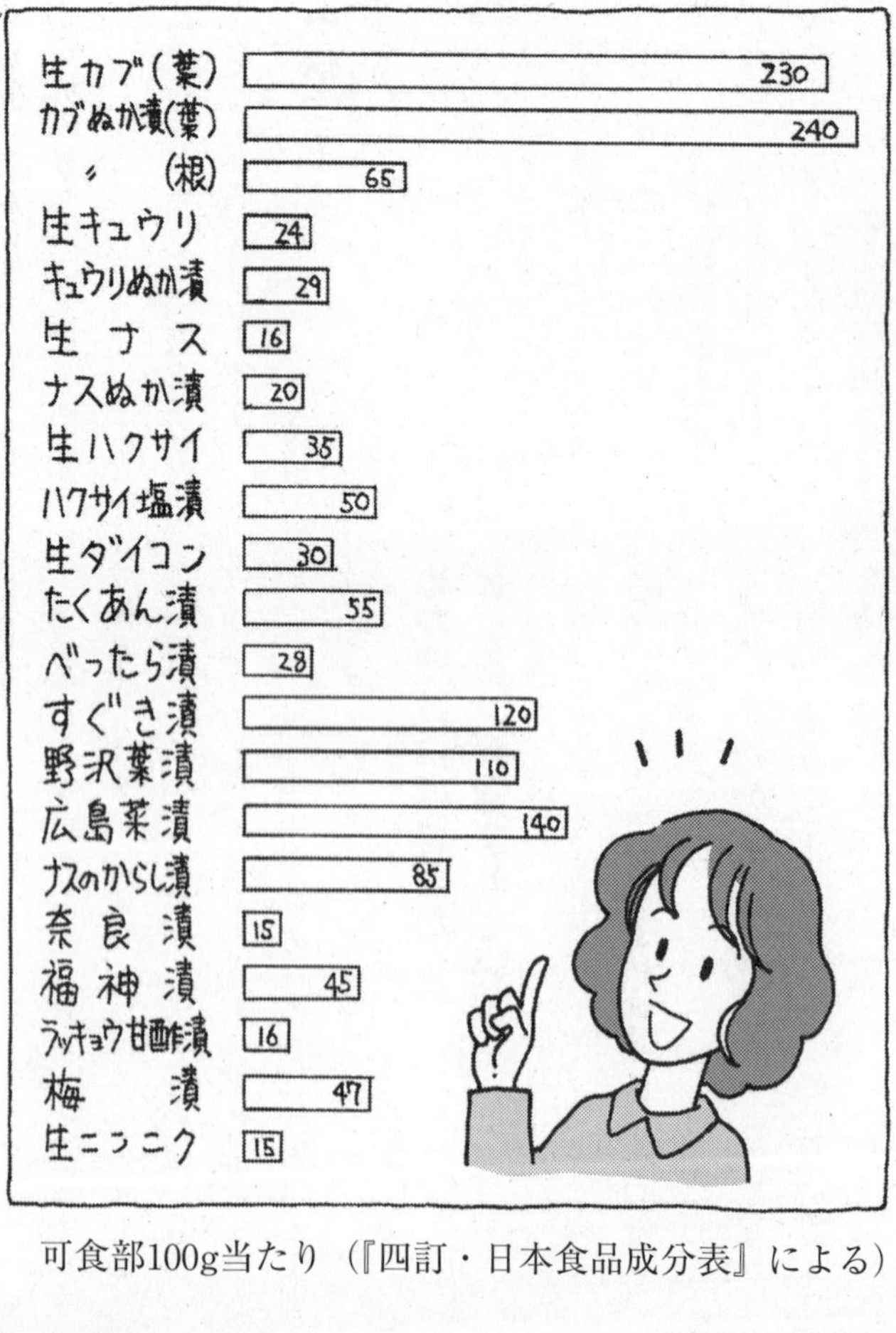

可食部100g当たり（『四訂・日本食品成分表』による）

きます。海草のコンブには血圧を下げるラミニンという特殊アミノ酸やヨード、マグネシウム、鉄分が多いのです。

漬け込みの際に、これら薬効のある山菜や海草などを配合することで、漬物をさらにパワーアップすることが可能です。

香辛料を加えればさらにパワーアップ

漬物は「香の物」といわれるように、香りを尊ぶ食品です。その香りは使われた香辛料にも左右されますから、その使用は、大変重要なことです。

シソ・ショウガ・ミョウガ・ニンニク・トウガラシなど、古くから漬物に使われてきましたが、これらの香辛料には、芳香とともに病原菌に対する殺菌効果や、強壮や薬理効果を持つものが多いことが明らかになっています。

香辛料をうまく利用したものにキムチがありますが、ニンニク・トウガラシを利かせたスタミナ食であると同時に、諸病にも効果のある大変合理的な漬物といえましょう。

（漬物研究所・東京都日野市旭が丘一―一三―八）

＊漬物の数々の効用、漬け方をまとめた『健康食つけもの』（小川敏男著、農文協刊）もご覧ください。

一九九二年十二月号　漬物は病気を治す予防する

複雑な米ぬか成分が、生命をはぐくむ

参考　食品加工総覧　素材編・総論（谷口　久次）

米ぬかは、米の胚芽と表皮をけずりとったものであり、きわめて多くの成分を含んでいる。この成分の複雑さこそが、米ぬかの生命をはぐくむ力を、優れたものにしている。

食用米油

米油は海外からの輸入に頼らない唯一の油脂である。グリセリンと脂肪酸がエステル結合した化合物であり、その脂肪酸の主成分はパルミチン酸、オレイン酸、リノール酸である。

また、米油にはほかの植物油には見られないγ-オリザノールやステロールなどが多く含まれており、コレステロールを低下させる働きがある。

普通の油脂は加熱すると空気中の酸素と反応して過酸化物に変化するが、米油の場合は、他の植物油脂に比べて過酸化物が生じにくい。これは、米油には微量のポリフェノール類が含まれているためと考えられる。

γ—オリザノール

γ—オリザノールは、自律神経失調症、更年期障害、潰瘍などに効果があり、治療薬として利用されている。

フェルラ酸

フェルラ酸はポリフェノール類の一種で、抗酸化作用がある。「化学的合成品以外の食品添加物」として、食品に添加することが認められている。

フェルラ酸を原料に、大腸がんの予防薬の開発が進められている。

フィチン酸・フィチン

フィチン酸はイノシトールとリン酸からなるエステルであるが、フィチン酸からできる1、4、5—イノシトール三リン酸は、各種のがんを予防する効果があることが明らかにされつつある。

イノシトール

イノシトールはフィチン酸から作られる。イノシトールは、抗脂肪肝、動脈硬化予防、カルシウム吸収促進、コレステロール血症改善など多くの効果があることがわかっている。また、イノシトールとフィチン酸の混合物に発がん予防と抗がん効果が発見された。

米からとれるいろいろな有用物質の流れ

（　）内はコメを1000としたときの回収量

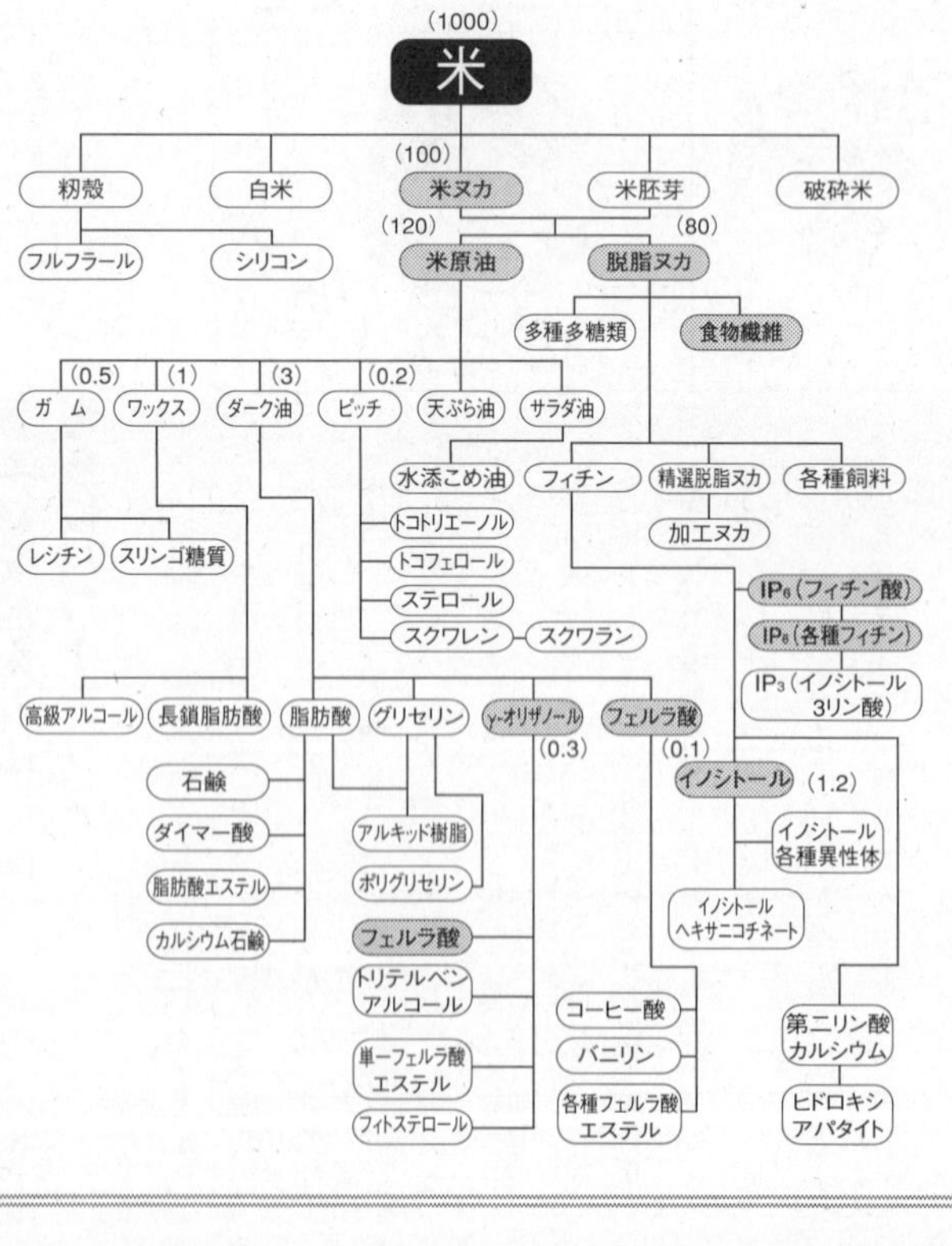

夏は毎日どぶ漬（ぬか漬け）を漬ける　山梨県牧丘町　（撮影　小倉隆人）「山梨の食事」より

ぬか床の秘密

乳酸発酵──微生物の不思議なはたらき

編集部

漬物は微生物の働きで、漬け込まれた材料以上のものを私たちに提供してくれる。美味しくて、健康にもよいのはなぜか、その仕組みを、ぬか漬けを例として探ってみた。

ぬか漬けのうまさはぬか床にすむ微生物がつくる

ぬか床の手入れは根気がいる。朝夕の二回、よくかき混ぜないといけない。このかき混ぜ方でぬか床のよしあしが決まってしまう。長年、ぬか床を可愛がってきた人だと、ぬか床に手を入れただけで、ぐあいが分かると言う。ぬか床を生き物としてあつかうことが、美味しいぬか漬けをつくるコツなのだ。なぜなら、その主役をつとめているのが微生物だからだ。

乳酸菌の強力な酸が、ほかの細菌の繁殖を抑えている

ぬか漬けはぬか床つくりから始まる。

まず、ぬかに塩を混ぜて調製し、野菜を入れる。この野菜は「捨て野菜」で、床がなじむまでに何回か入れかえる。野菜についてきた乳酸菌や酵母をふやすためだ。

ぬかの栄養分や、塩によって引きだされた野菜の養分で微生物は繁殖していく。つまり野菜を漬け込むということは、有用菌をぬか床に接種するとともに、そのエサを提供することでもあるわけだ。

しかし、漬け込む野菜には、とれた畑に由

来するさまざまな微生物がついている。乳酸菌や酵母だけではない、種々雑多な微生物がついている。

ぬか床の中の野菜と微生物の関わり

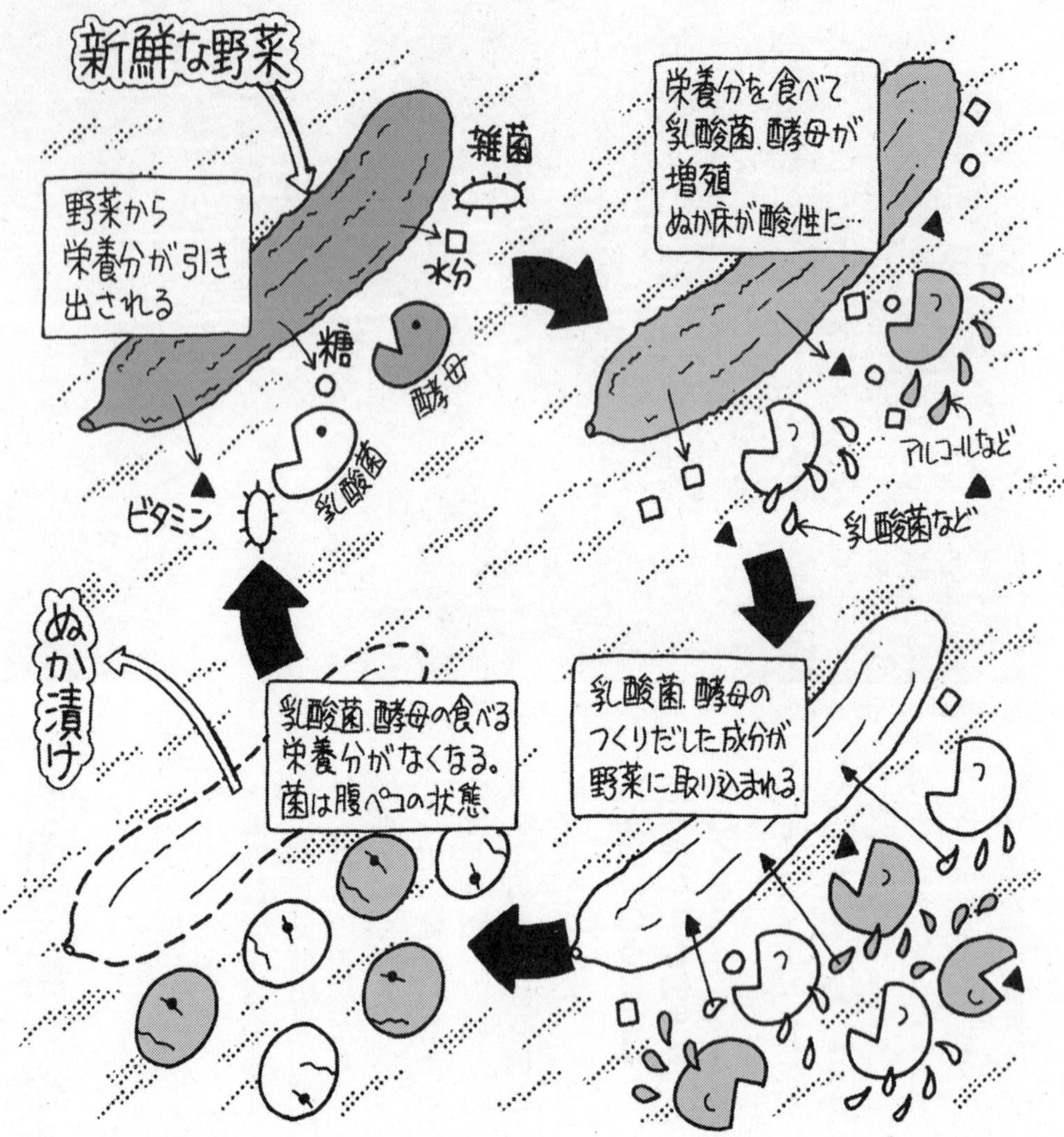

これらのなかから人間に有用な乳酸菌と酵母だけを繁殖させなくてはならない。そこでぬか床では二段階にわたるふるい分けが行なわれることになる。

第一段階は**塩**で、塩が苦手な微生物（ある種の雑菌）の増殖をおさえる。それでも塩に比較的強い雑菌が増殖を始める。少し遅れて乳酸菌、もう少し遅れて酵母が増殖を始める。

第二段階では、乳酸菌がつくる**乳酸**によって、塩で生き残っていた雑菌を抑制する。乳酸は、pH2〜2・5の強い酸で、多くの細菌を死滅させる。酵母は酸性には強いので、そのまま増殖しつづけることができる。

こうしてぬか床は、野菜由来、畑に土着していた乳酸菌や酵母の大増殖場になっていく。だいたい床がなじむのに一カ月くらいはかかる。

このようにぬか床での有用菌を選抜・培養する方法として、塩と乳酸を上手に利用しているのだ。

乳酸菌がつくりだす味と香り

つづいて、どんな仕組みでぬか漬けができあがるのかみてみよう。

ぬか床に野菜が漬け込まれると、塩の浸透圧で、野菜の中から水分や糖分、ビタミンなどが溶けだしてくる。ぬかからも糖やアミノ酸が少しだが溶けだしてくる。これが乳酸菌の栄養分になる。

こうしてぬか床に溶けだした栄養分を食べて微生物が働きだし、増殖しながら様々な物質を作りだす。乳酸菌は乳酸を出し、酵母はアルコールを出す。同時にビタミンもつくりだされる。この酸とアルコールが化合してエステルという物質がつくられて、これがぬか漬けの風味を産み出す。

こうして微生物が多くなってくると、生成物も多くなってくる。漬け込まれた野菜からは栄養分が溶けだし、微生物の養分になる。微生物の生成物は漬け込まれた野菜に取り込まれて、食べ頃のぬか漬けになる。それを人間が食べることになる。

食べ物が新しく入ってこなければ微生物は十分に働けなくなり、ぬか床は生産性が落ちてしまう。だから新鮮な食べもの（野菜）をぬか床に供給するか、新しいぬかを追加してやらなければならない。

つまり、ぬか漬けをよい状態で維持するには、ぬか漬けを漬け続けることが大切なのだ。それは同時に、微生物をよい状態で維持し続けることなのだ。

かき混ぜることは、乳酸菌が元気になる環境をつくること

ぬか床を毎日かき混ぜてやるのは、乳酸菌が増殖する条件を作りだすためだ。乳酸菌は、通性嫌気性の微生物で、酸素が「少し」不足している状態を好む。

ぬか床をそのままにしておくと、表面は乾燥して、産膜酵母やカビが繁殖する。産膜酵母は、ワインの表面にもあらわれる好気性の雑菌で、いやなにおいのもとになる。

ぬか床の底のほうは、酸素があると生きられない（絶対嫌気性の）腐敗菌が繁殖してくる。

また、酵母菌は果実の表面などに住み、普通は酸素呼吸をしているが、酸素が少ない状態になると、アルコール発酵を始める（通性嫌気性）。ぬか床の酸素が少なすぎると、アルコール発酵しすぎて、アルコール臭が強くなってしまうことがある。

朝・晩二回ほどかき混ぜることで、乳酸菌が元気な状態をたもち、雑菌の繁殖をおさえているわけだ。気温の高いときは朝・晩二回、低いときは一回でもよい。

〔取材協力者〕小川敏男（漬物研究所）、宮尾茂雄（東京都立食品技術センター）

〔参考文献〕『健康食つけもの』（小川敏男著、農文協）

一九九二年十二月号　発酵漬物の巧みさを探る

乳酸発酵とアルコール発酵

発酵漬物には、乳酸菌の働きで乳酸発酵させるものと、酵母によってアルコール発酵させるものとがある。

乳酸発酵による代表的な漬物には、しば漬、ピクルスなどがある。ぬか漬けも、主導的な働きをしているのは乳酸菌である。

野菜が乳酸発酵するときは、塩による静菌作用に加えて、硝酸還元菌の働きがあることが知られている。まず、硝酸還元菌によってできた亜硝酸が、野菜の表面を殺菌し、その後に乳酸菌が野菜の表面に繁殖するらしい。

一方、アルコール発酵を利用した漬物の代表格は、干したくあんだ。酵母菌が、米ぬかと大根の糖類をエサにして、エチルアルコールをつくりだす。このとき、アルコールと酸が反応して、エステルができる。エステルは、果実芳香があり、人工香料としても利用されている物質だ。うまくできたたくあんに、果実のような芳香があるのはそのためだ。

あっちの話こっちの話

たくあん漬けの隠し味　渋柿
入れるだけでダイコンに甘みが出る

椎名健

長野県臼田町のHさんは、いろいろな野菜を町の直売所に出すかたわら、食べ方も様々に工夫しています。

そんなHさんが去年試して大成功だったのが、たくあん漬けの中に渋柿を入れることです。よく漬物の中に干した柿の皮を入れますが、それをヒントに、毎年近所でもらう渋柿を入れてみたそうです。

やり方は簡単で、渋柿のヘタをとり、皮をむかずにそのままダイコンと段々になるようにぬかに漬けるだけです。これでダイコンにぐんと甘みが出て、まろやかな味になったそうです。

漬けた後の渋柿は食べてもいいのでしょうが、Hさんはあくまで隠し味で調味料代わりに使います。「これが結構いけたのよー」と笑顔で話してくれました。

こんなちょっとした工夫で、今年のたくあん漬けをおいしくしてみませんか。

一九九九年十二月号　あっちの話こっちの話

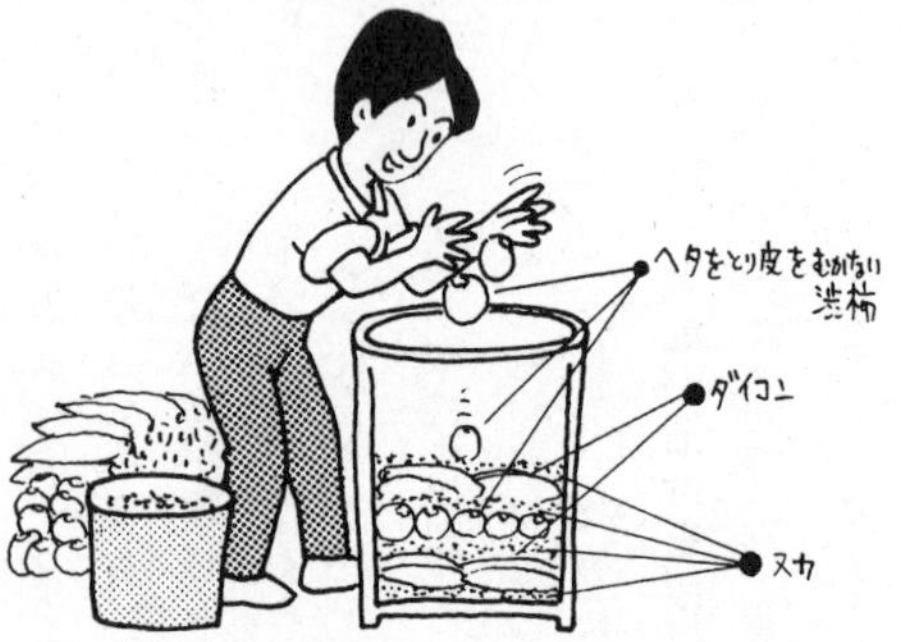

たくあん漬けの隠し味　ナスの葉っぱ
干した葉を入れるだけ

石川啓道

岡山県勝央町でたくあん漬けの秘けつを聞きました。漬物作りが大好きな丸尾治子さんは、隠し味にナスの葉っぱを使います。

収穫が終わったナスの樹を引き抜いてきます。それを陰干しして、カラカラになるまで乾燥させます。

たくあんをぬか漬けするときに、乾燥した葉っぱを手でほぐして粉々にしながら、ダイコンと交互に漬けます。

葉の量は小さい樽（五〜六ℓ）ならふたつかみほどでよいのですが、あるだけ入れてもいいそうです。

すると、たくあんに何ともいえない風味が出てきます。かめばかむほど味が出てきて、やめられなくなるそうです。治子さんの漬物は直売所で売られていますが、あまりの評判ですぐに完売してしまうそうです。

一九九九年十二月号　あっちの話こっちの話

微生物は超能力者だ！
食べ物―体―土をつなぐ
発酵

小泉武夫

食の冒険家**小泉武夫**の公開授業

発酵と腐敗はどちらも微生物のはたらき

ぬか漬けなどにして発酵しているサバと腐敗菌で腐ったサバではくさみが違う。

腐ってくると、アミンやスカトールという物質ができる。危ない物質で、アミンには毒素が多い。ネズミの死骸のようないやなにおいがしてくる。

発酵と腐敗は、どちらも目に見えない小さな微生物によるものなのだ。

微生物とは何か

微生物とは何だろう。それは善玉と悪玉の二つに大きく分かれる。

善玉とは、発酵菌で発酵物をつくる。人間にとっていいことをする微生物だ。

悪玉とは、食べ物などを腐らせる腐敗菌で腐敗物をつくる。腐敗物には毒素が多い。病気をひきおこす病原菌も悪玉。これらは人間にとって悪いことをする微生物だ。

毒があるかどうか、食べてみないとわからないというのでは危なくてしようがない。判別法は鼻にもっていくことだ。においがする。それが危険かどうかの信号で、人間はそれを判別する能力を本能的に持っている。

ただ単にくさいから毒だというのではない。くさや、チーズの発酵したにおいは、有機酸（くさやはカプロン酸。ほかに酪酸、吉草酸などもある）ができていてそのにおいだ。くさくてもその匂いは牧歌的なものだ。腐敗をしていて吐き気がするようなくさみではない。

小泉武夫（こいずみ　たけお）
東京農業大学教授。専門は醸造学、発酵学、応用微生物学。福島県の実家は代々酒造業を営む。世界中のめずらしい食文化に通じる、自称「食の冒険家」。著書多数。

微生物は地球の環境を守る主役

微生物の働きはとてもだいじだ。

いろいろな真核生物《しんかく》

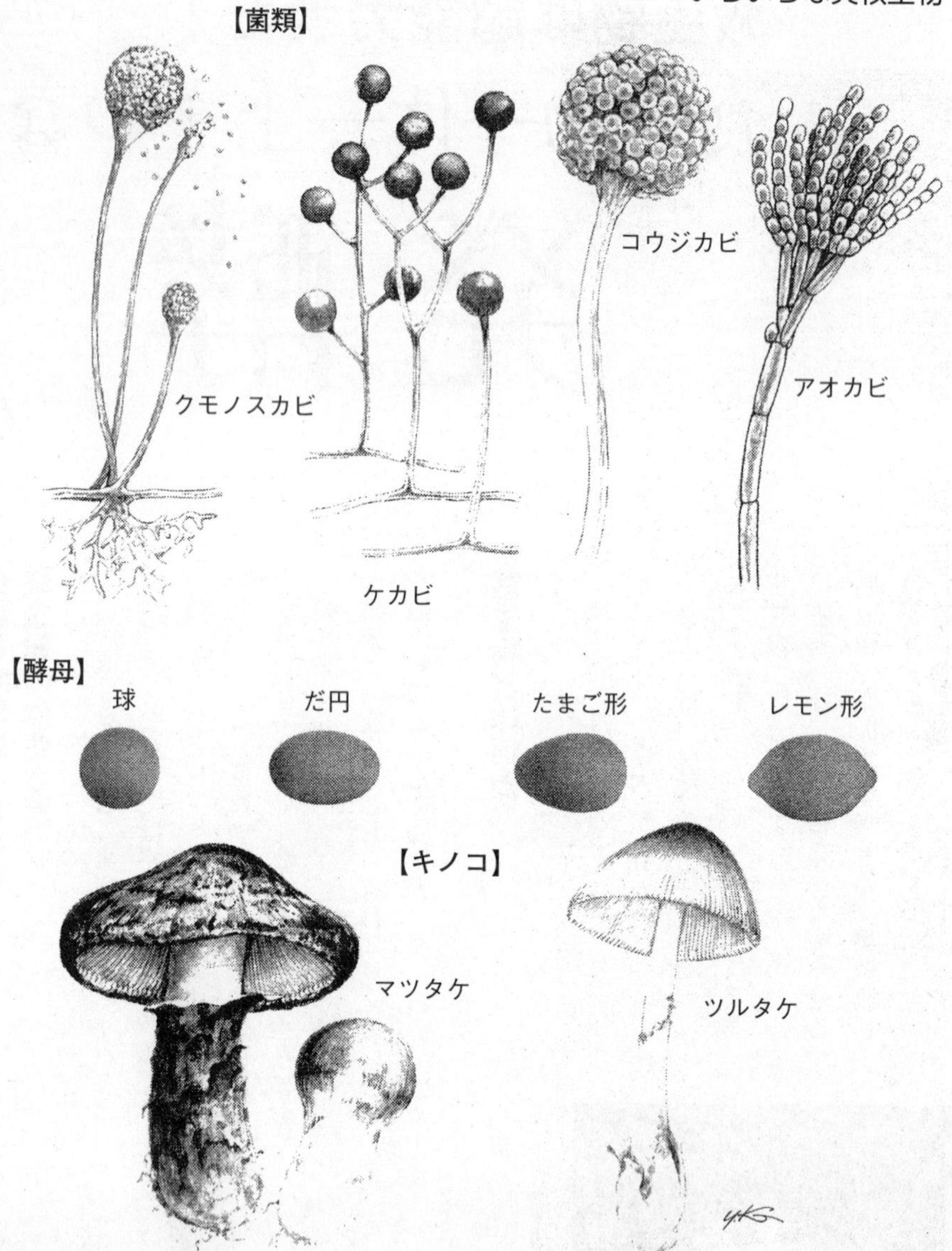

絵本「微生物と人間」より

微生物がいないと地球そのものがもたない。地球全体の地表土で一年間に出る動植物の死骸や糞や落ち葉は年間五〇〇〇億から一兆トン（よく見かける中型トラックが二トン車だから、それがどれくらいの台数になるのか、想像してみよう）。

地球が動植物の死骸や糞や落ち葉で埋まってしまわないのは、微生物が発酵させて土にしているからだ（最終的には二酸化炭素、水、チッソ）。もし、微生物によって、土ができなければ、地球はもういっぱいになってしまう。

雑木林など落ち葉があるところにスコップを持って行ってみよう。去年の枯れ葉は土の上にあり、あめ色になってカサカサに乾燥している。その一〇センチ下はそれより黒っぽくなってじめじめしている。さらにその一〇センチ下はボロボロに腐食していて、そのまた一〇センチ下は、完全に黒い土になっている。

これは土の中にいる土壌微生物の発酵で土になったのだ。微生物は食べ物だけではなく、地球環境にもはかり知れない恩恵を与えている。

微生物を見る

土のなかの微生物を見るなら、土一グラム

（小さなスプーン一杯）に四〇億個。地球上の人間と同じくらいの数になる。目に見えないけれど、微生物は小さな巨人だ。

体の外だけでなく、体のなかにも微生物はいる。一人の人間の体には、五〇兆から一〇〇兆個（腸内細菌が多い）もいる。こうした微生物が人間といっしょに暮らしている。

体のなかだけではない。わきの下を手でかいて、あかみたいなものを集めてくる。これをスライドグラスにのせ、蒸留水をちょっとたらし、カバーグラスをのせ、七〇〇～一〇〇〇倍の顕微鏡で見る。微生物がウヨウヨいる。ここにいるサルシナ・バクテリアは、一平方センチに一〇〇〇万個もいるのだ。

こうやって微生物を人間が発見したのは一六七四年のことで、いまから三三〇年くらい前だ。それまではだれも微生物をこうして見たことがなかった。むかし、ロシアの皇帝ピョートル一世がオランダに出かけて、顕微鏡をつくったレーウェンフックを訪ねた。

顕微鏡をのぞいて微生物を見た。こうして微生物を見にくる人たちのなかにはウナギのように動き回っているのを見て、不快感を示す人もいた。レーウェンフックは、「そんな人には歯に残っている食べ物のカスを顕微鏡でのぞかせて、世界の人口よりも多い微生物がぐちゅぐちゅと動いているのを見せてやりたい」と書いている。

人間は顕微鏡のような目をもっていないから幸せかもしれない（倍率は一六〇〇倍くらいで見える）。

顕微鏡を使って微生物を見るときに、菌の見分け方はありますかと聞かれることがある。これはどんな菌ですかと持ってこられても、学者も顕微鏡を見ただけではわからない。それには、色で染めたりして調べていく。ヨーグルトなら乳酸菌、納豆なら納豆菌。パンも発酵でつくるから、菌が見える。

ヨーグルトを顕微鏡で見たら菌がたくさんいたんでヨーグルトを食べたくなくなったっていう子どももいる。そんなときには、人間の体のなかにも微生物はたくさんいていっしょに暮らしているんだと話したり、ヨーグルトを食べれば健康になると教えたりする。

微生物は顕微鏡でしか見えないかというと、そうでもない。目に見える微生物もいるのだ。ミカンのカビ。もちのカビ（赤とか緑の菌糸）でこれも微生物で、菌糸が集まって大きく見える。

キノコも微生物だ。キノコは動物でも植物でもない。シイタケやマツタケは食べられる菌で、菌糸がより大きく固まったもの。キノコの栽培のようすを写真で提示して、大きくなるところを見せるのもいい。

味噌、しょう油、漬物、納豆…みんな発酵食品

人間に役立っている微生物がつくってくれる食べ物。これにはどんなものがあるかというと、発酵食品、発酵物だ。そこで子どもたちと食べものについてのやりとりをする。

……君たち、朝は何を食べてきた？

パン。

……それは微生物がつくった発酵食品だよね。今朝、先生は、味噌汁と漬物と納豆でご飯を食べてきた。味噌も漬物も納豆も発酵食品だ。納豆にかけるしょう油も発酵食品。今夜、何を食べるのかな？

魚かなあ。

……だったら、それに何をかけて食べる？

しょうゆ。

……それも発酵食品だったね。ほかにはどんなものを食べるの？

ラーメン。しょう油ラーメン。味噌ラーメン。どっちがいいかな。

……そこに入っているしょう油も味噌も発酵でできる。化学調味料の味の素。あれも発酵でつくられているんだ。

発酵させると保存ができる

牛乳をそのままテーブルにおいておけば、つぎの日は腐敗菌が入ってきてもう腐って飲めない。しかし、これに乳酸菌を入れておけば、しばらく腐らない。なぜか。それは、乳酸菌の働きで乳酸という有機酸をつくるからだ。有機酸というのは、腐敗菌とか病原菌がそこに入っていけないようにする働きがある（抗菌能力という）。

すっぱいものは腐りにくい。梅干はすっぱいからそのままおいていても腐らない。お寿司もご飯がすっぱい。酢をかけてすっぱくする。江戸時代は冷蔵庫がなかったけれど、お寿司はいつまでももった。酢も酢酸菌という微生物がつくった発酵食品なのだ。

発酵食品のいろいろ

発酵食品には、ほかにどんなものがあるか見ていこう。

牛乳を原料にした発酵食品がある。チーズやヨーグルト、サワー（ヤクルトのような乳酸飲料）。牛乳のほかにヤギの乳などもこうした発酵食品づくりに使える。

大豆からつくられる発酵食品といえば、納

いろいろな原核生物

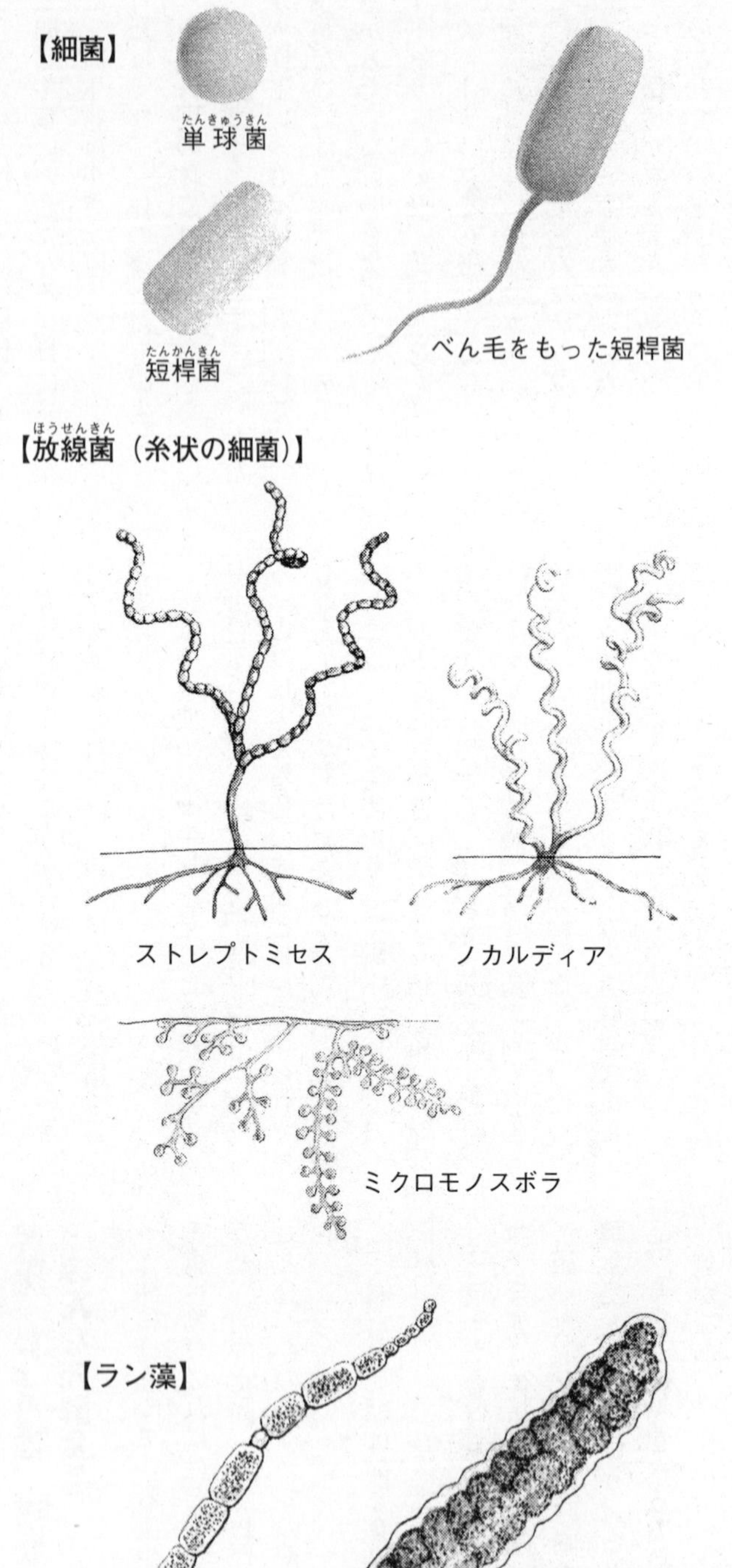

絵本「微生物と人間」より

豆、味噌、しょう油だ。煮たままの豆は腐る。豆腐は発酵食品ではなくて、大豆を煮て、それを絞って出てくる汁（これを豆乳という）にニガリという物質を入れて固める。微生物は使われていない。買ってきた豆腐をそのままテーブルの上に出しっぱなしにすると、腐ってくる。でも、納豆は腐らない。

私は毎日、納豆を二パック食べている。大好きな納豆を買ってきて、いつも研究室の冷蔵庫に入れている。

ここで冷蔵庫から取り出してきた納豆のパッケージを開けてなかを見せる。子どもたちに「これ何日前の納豆か知ってるか」といって見せる。

「これは二カ月前の納豆だぞ。アンモニアも出てきて、カリカリになっちゃう。賞味期限がついているけれど、私はそれを過ぎてアンモニアのにおいがぷんぷんするのが好き。発酵すれば腐らないんだ。保存のための手段なんだぞ」

◉ヨーグルトをつくる

［材料と配合割合］
牛乳　1ℓ
砂糖　100g(牛乳の10％)
種菌（市販のプレーンヨーグルト）
100g(牛乳の10％)

［用具］
なべ
大型のボール
温度計
ジャーなどの保温用具
こたつ

①牛乳に砂糖を入れてかきまぜ、加熱する
砂糖

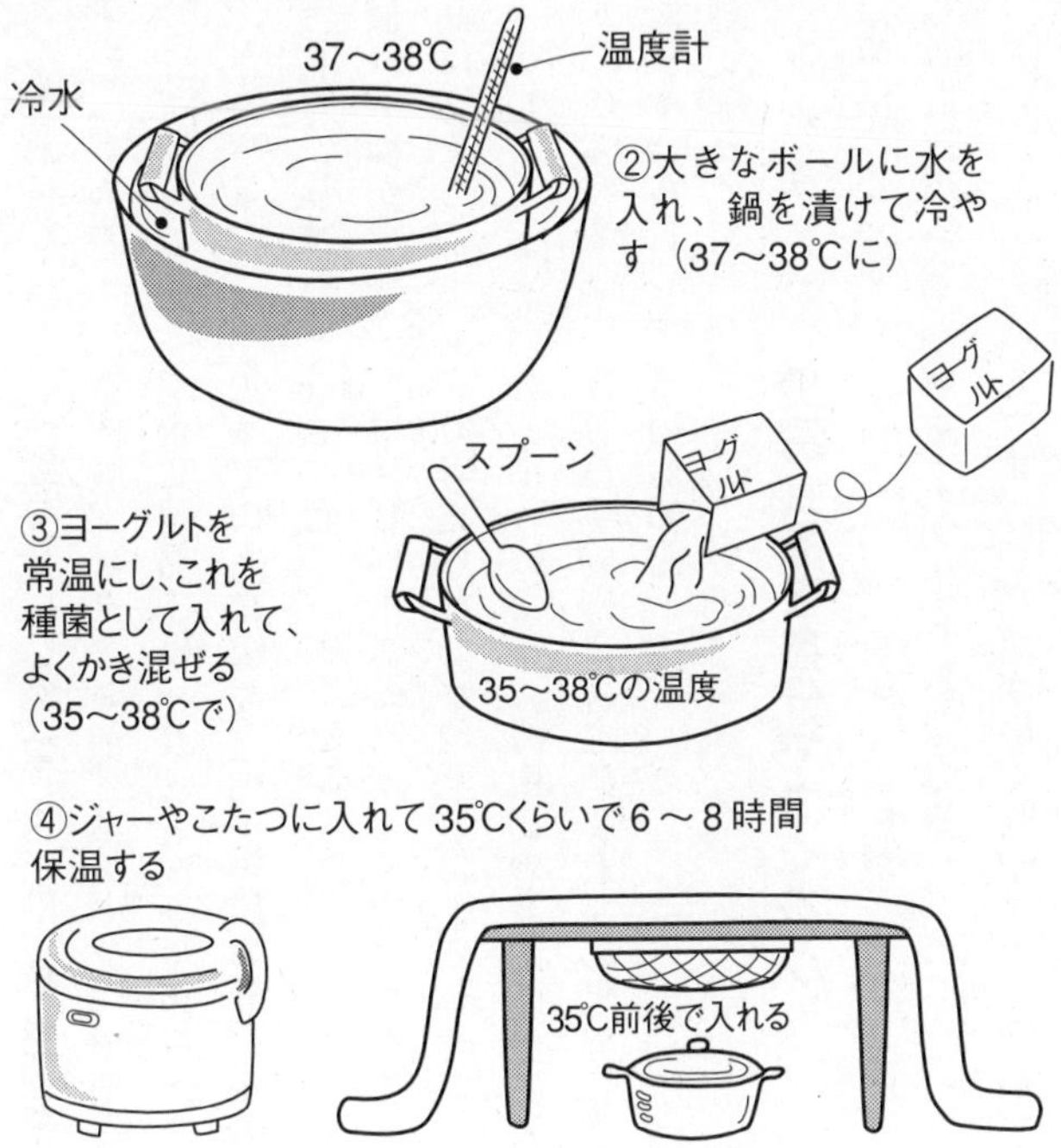
37〜38℃
温度計
冷水
②大きなボールに水を入れ、鍋を漬けて冷やす（37〜38℃に）
スプーン
ヨーグルト
③ヨーグルトを常温にし、これを種菌として入れて、よくかき混ぜる（35〜38℃で）
35〜38℃の温度
④ジャーやこたつに入れて35℃くらいで6〜8時間保温する
35℃前後で入れる

このために、二カ月前からこういうものをつくっておく。何粒かをつまんで口に入れる。「うーん。うまいなあ。君たちも食べたいだろう」と配っていく。

食べながら「おいしい」「すげーや」とかの声が上がる。「ぬらぬらしないからこれなら食べられる」という子どもも出てくるかもしれない。

外国にも大豆の発酵食品ってある。インドネシアのテンペ、中国にも大豆の発酵食品がある。

肉では、ヨーロッパにカビをつけてつくるソーセージがある。中国ではホイテーといって、豚の足にカビをつけて保存する。日本は仏教の教えで肉を食べるのを忌み嫌う文化が長く続いたために肉の発酵物はほとんどない。

魚では塩辛。イカはそのままにしておけば、すぐ腐る。けれど、塩辛にして発酵させるならいつまでももつ。くさやも発酵食品だ。かつおぶしは、カツオを生のままかつおぶしの形につくり、煮て乾燥して、表面にカビを三回も生やすと、それが繁殖してタンパク質を分解してうまみに変え、脂焼けで品質悪化の原因になる脂肪を分解する。なかの水分を吸い取ってくれるので、あのカチカチのかつおぶしができあがる。生なら一日ももたないものがこうなると何年ももつ。

サバ、サンマ、フナは、なれずしになる。何年たっても腐らないでもつ。どれも、冷蔵庫のない時代に腐敗を防ぐための手段でもあった。

魚だけじゃなくて、ダイコン、キュウリなどの野菜も発酵できる。そう、漬物だ。浅漬け、菜っ葉の塩漬け、たくあん漬け、ぬか漬けなど、いろいろある。発酵食品は私たちの食生活を豊かにしている。

ひとつだいじなものを忘れている。米や麦といった穀物を発酵させることだ。米から日本酒、オオムギからビールがつくられる。

酒には、日本酒、ビール、ワイン、ブランデーなどがあり、大人の社会では生活のなかの立派な文化として生きている。微生物がつくったものが文化になっている。

パンも立派な発酵食品だ。コムギの粉を水で練って、イースト菌を加えて発酵させて焼いたものがパン。パンのなかに菌が残っているので顕微鏡で形が見える。

コンピュータも発酵でつくれる?

発酵というと食べ物ばかりと思うかもしれないけれど、日本での発酵製品の総売上高は何百兆円にもなる。チーズ、納豆、酢、酒など、発酵食品はそのうちのたった一七%でしかない。医薬品は三五%（抗生物質、アミノ酸、代用血漿、抗エイズ剤、抗ガン剤など）、化学薬品は二〇%（アミノ酸、核酸関連物質、有機酸、ビタミン剤、ホルモン、糖類など）、酵素（製品）は一五%（洗剤や歯みがき粉に入っている酵素など）、環境発酵（水の浄化など）は一三%。

コンピュータのバイオチップスなど、これまで考えられなかったものまで発酵でつくられるようになる。微生物の力がいかに大きいか。微生物がこんなに私たちの世界に密着しているのだ。

発酵食品を自分でつくろう

▼ヨーグルトをつくる

ブルガリア菌がつくりやすい（明治ブルガリアヨーグルトを使うとうまくいく。ビフィズス菌はデリケートなので、これを使うのはむずかしい）。

▼納豆をつくる

▼甘酒をつくる

酒を自分たちでつくると密造酒で税務署につかまるからやめよう。甘酒はアルコールが入っていないのでこれならつくっても問題はない。体があったまる。

▼ぬか味噌漬けをつくる

ぬか味噌の手入れ。これをしっかりやれば、長くもつ。

▼パンをつくる

▼味噌をつくる

味噌なら一年間見ていける。味噌の仕込み。熟成していくと、毎月、うまみ、成分が違う。

発酵食品は文化なのだ

発酵食品ごとにおもしろい話がいっぱいある。納豆のぬらぬらはなぜあるか。米の生産と結びついた稲わらと大豆から納豆が生まれた歴史。なぜ納豆菌は稲わらのなかにいるのか、などなど。

食文化としての納豆もおもしろい。納豆は、いまでは西日本でもよく食べるようになったが、歴史的にはおもに関東圏で発達した。「参勤交代」のときに、江戸の納豆を持ち帰って広めたといわれている。

生ごみから土をつくる

宮城県にある生ごみ処理場では、土のなかにいる土壌菌という微生物を使っている。こ

⊙納豆をつくる

［材料と配合割合］
大豆　500g
市販の納豆　大さじ2
［用具］
ボール
弁当箱のような容器
温度計
はし、またはスプーンなど

①水洗い後、2倍半の水につけ一晩おいてふやかす
②大豆を煮る
③市販の納豆大さじ２杯ほど、はし、またはスプーンなどで混ぜる
菌液半カップ
④弁当箱のような容器に厚さ2cmほどに詰める
（紙か布をかぶせておき、それからふたをすると湿度が適度になる）
清潔な紙か布
⑤こたつで40℃になるようにして18時間、その後37〜38℃で12時間保温する
毛布
電気毛布
毛布
＜わらを使う場合＞
ワラが手に入れば、70本くらいで「つと」を束ねて、そのなかにふやかして煮た大豆を100g入れて包み、こたつで同様に保温する方法もある

れが生ごみを発酵させていく。発酵するときに出てくる熱で腐敗菌を殺してしまう。こうしてできた堆肥を、畑の土に入れてやると、養分にもなるし、野菜などがしっかり育つようないい土になってくる。地球にやさしく、人間にやさしく環境の問題を解決してくれるのが微生物なのだ。

　まだまだ微生物はたくさんいるけれど、わかっているのはほんの少しだ。人間にも地球にもやさしい微生物をもっと見つけよう。君たちはどんな微生物がいたらいいと思うかな。みんなでそれを書いて、微生物ロマンを話し合ってみよう。ここには夢があるんだ。ワクワクしてくるね。

（参考資料）
小泉武夫『発酵』中公新書
小泉武夫『発酵食品礼讃』文春新書
『自然の中の人間シリーズ　微生物と人間編』一〜一〇　農文協
名取弘文『おもしろ学校公開授業「雑」には愛がいっぱい』農文協
生活環境教育研究会『おもしろふしぎ食べもの加工』農文協
『家庭でつくるこだわり食品』1〜5　農文協
食農教育八号　微生物は超能力者だ！　食べ物、体、土をつなぐ発酵

あっちの話こっちの話

ウコンと柿の皮で、自然な色・自然な味の大根漬け

菅原道子

島根県八雲村の岩田佐智子さんのダイコンのぬか漬けは、ほのかな黄色。ほんのり甘く、あっさりしておいしいと好評です。

おいしさの秘密は材料にあり。色粉のかわりにウコンを、砂糖のかわりに柿の皮を使うのです。

ウコンは薄くスライスしてカラカラになるまで天日干ししたものを、柿の皮は干し柿づくりのときに出たものを、これも天日干しにしてからぬか床に混ぜるのです。

自然な色合いと自然な甘みが直売所でも大人気で、並べるとすぐに売り切れてしまうそうです。

二〇〇四年一月号　あっちの話こっちの話

柿の皮とナスの根でまろやか大根漬け

学校給食に漬物も産直

清野由子

ここ福岡県夜須町には、学校給食に地元野菜だけでなく漬物まで出してしまうというユニークなグループ「すこやか会」があります。そのメンバーの一人、高倉ミチエさんから、この土地に昔から伝わる漬物のつくり方を教えていただきました。

それは、大根漬けに柿の皮とナスの根っこを使うというもの。ダイコン一〇〇本に対して、柿の皮一〇〇個分とナスの根っこ二〇本分を、ぬかと塩といっしょに漬け込むのです。

こうしてできた大根漬けは、ふつうの大根漬けよりまろやかな味で独特の香りがあるそうです。

柿の皮とナスの根っこだなんて本当に不思議な取り合わせですが、ムダなものを出さないという昔のお母さんたちの知恵でしょうか。料理のアイデアは身近なところに転がっているのですね。

一九九六年二月号　あっちの話こっちの話

PartⅡ ボカシ肥

ボカシ肥づくりの技

米ぬかで野菜がおいしくなる

長野県小林正人（85）さん自慢の土着菌ボカシ
（撮影　宇佐美卓哉）

ボカシ肥

つくり方とつかい方、伝授します

水口文夫

水口文夫さん　愛知県農業改良普及員として、30年余り農業技術を指導。退職後は専業農家として、野菜の生産に従事する。豊富な経験とおう盛な探究心で、数多くの栽培技術を開発してきた。「家庭菜園コツのコツ」「図解60歳からの小力野菜つくり」「家庭菜園の不耕起栽培」（農文協）などの著書がある。愛知県豊橋市在住。
（撮影　赤松富仁）

米ぬかは、窒素、リン酸のみならず、ミネラルやビタミンなど生物の成長に必要な多くの成分を含んでいる。あらゆる微生物のエサになり、ボカシ肥や堆肥づくりには欠かせない資材である。また、米を主食とするアジアの人々にとっては、枯渇することない永久的な資源である。

ボカシづくりのはじまりは、タネバエ防止だった

私のボカシ肥は、田土あるいは山土に鶏糞や油かす、米ぬか、魚かすなどの有機質肥料、それに過石や炭などを混ぜて積み重ね、完全に発酵させたもので、根つけ肥のような効果と、長時間の発酵によって繁殖した有効微生物が、作物の根に活力をあたえる効果の二つの働きがあると考えている。

ボカシ肥は、私の地方でスイカがまだ直まきだった大正末期ころにすでに行なわれていたというが、当時の目的は有機質肥料を施したときのタネバエの防止ということにあった。

スイカやマクワウリに、鶏糞や油かすなどをそのままで施用するとタネバエの被害がはなはだしい。タネが発芽しないと思って掘ってみると幼根にタネバエの幼虫がいっぱい食

い入っていたり、発芽したものでも根が食害されて枯死したりなどの被害に、当時の人は頭を悩ませていたということである。

そこで、鶏糞や油かすを施用してもタネバエの被害を出さない方法として、鶏糞や油かすなどを土と混ぜあわせて堆積発酵させることが行なわれるようになった。タネバエは未熟な人糞、油かす、魚かす、鶏糞などに成虫が好んで集まり、点々と産卵し、卵は一週間くらいで幼虫となって土中でスイカやマクワウリの根を一カ月あまり食害する。それを畑に施す前に完熟発酵させ、未然に防ごうという考えである。

当地方は有機質の乏しいやせた土壌だが、タネバエ対策のために有機質肥料を発酵させ、株元に施してみるとおおいに初期生育が促進された。これらがボカシ肥の始まりといわれている。

肥料の効きが、速効的だがおだやかで、しかも安定している

化学肥料は直接根に当たると根に障害をあたえ、作物を枯らしたりすることがあるが、ボカシ肥の場合は油かすなどの有機質肥料が充分に発酵していて、しかも山土などにくるまれたかたちになっているので根を傷める心配がない。

また生の有機質肥料とくらべると、成分の分解がすすんでいるので速効的で、しかも土をしめないので、ボカシのなかに弾力性のあるゴムのような太い根がグングン伸びだす。根つけ肥としての効果が高く、活着や初期生育をよくする。

根の伸びだしが悪いスイカやメロンは最後まで根張りが悪く、天候の変化によって生育が大きな影響を受け、芽が小さくなったり生育が止まったりしやすい。

しかし、ボカシ肥を使って根の伸びだしがよいものは根に活力があり、根張りが深いために天候による生育への影響が少ない。

このことが、ボカシを施すと甘いスイカやメロンができる理由のひとつとなっているのではないかと考えている。

また油かすなど生の有機質肥料を、直接トンネルやハウスなどの土に施すと、少し量が多かったときなどにガスの被害を受けることが多い。だが、ボカシ肥は発酵熟成しているためかその心配がほとんどない。

また生の油かすや鶏糞、人糞などとちがって臭気がなく、タネバエの成虫が飛んでくるということがないので、産卵を防ぎ、幼虫の食害を避けることができる。

また当地のような赤土のやせた土壌では、化学肥料だけを多投してもボカシを使用したときほどの肥効は出ない。化学肥料とボカシを併用した場合とくらべてもそうである。

これは、材料の有機質肥料を水田の土や山土と混ぜ、五〇度以下の温度で長期間にわたって発酵させるため、土の中などにいた微生物の繁殖がすすみ、肥料成分の効き方をなんらかの作用で助長するためではないかと考えている。

ボカシ肥の材料炭をまぜると大きな効果

ボカシ肥の材料はこうでなければならないというきまりはない。私が使っている材料は表1のようなものだが、これは人によってかなりちがう。

ただその共通点は、山土や水田の土を半分以下にはしないということだ。多い人では七

表1　ボカシ肥の材料

山土	300kg
乾燥鶏糞	60kg
油かす	20kg
米ぬか	20kg
過石（または重焼リン）	15kg
炭	40kg

ボカシ肥を積む順序

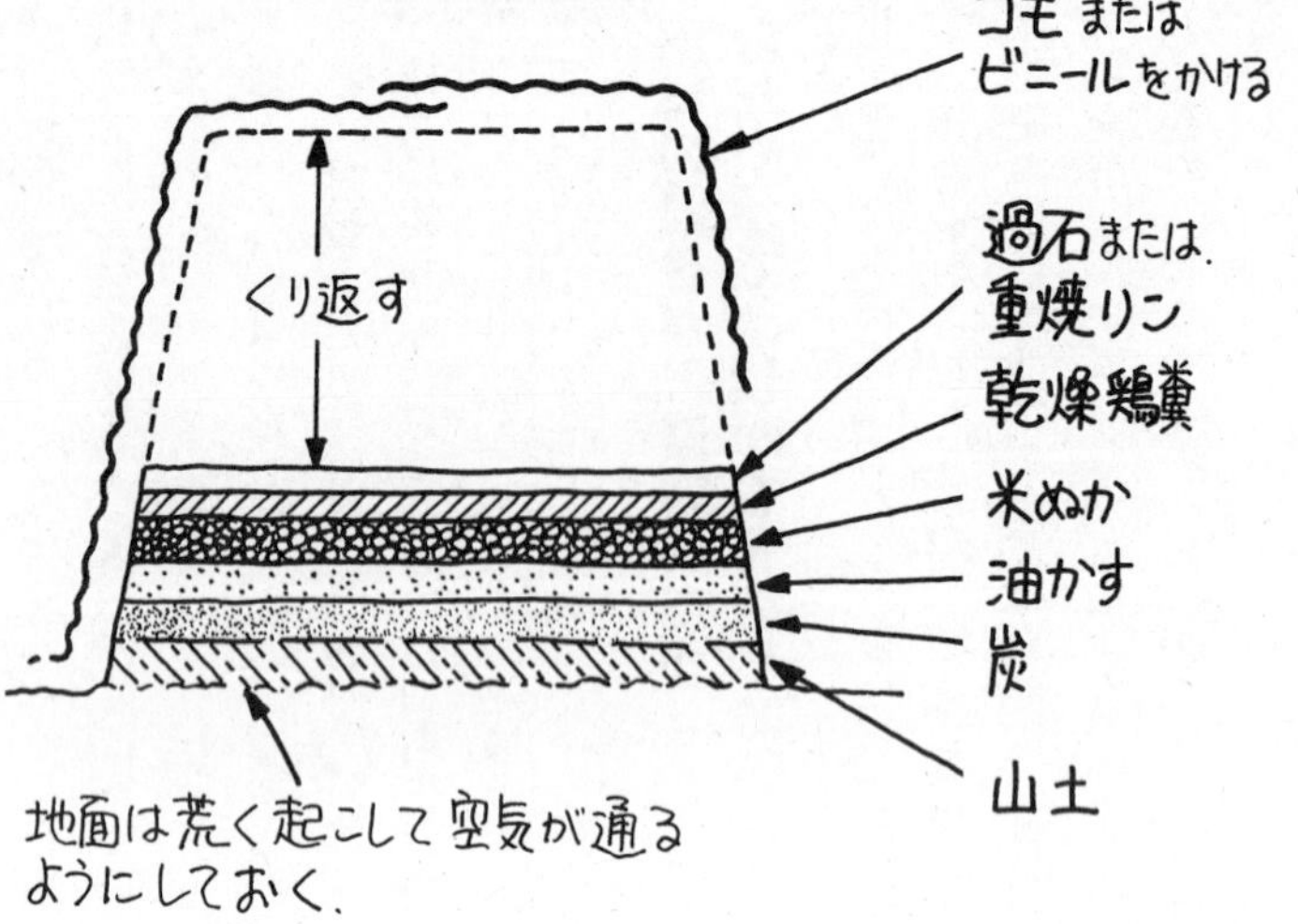

割くらい使っており、少ない人でも五割を切ることはない。

有機質肥料としては、油かす、魚かす、米ぬか、骨粉、鶏糞、綿くず、ウズラ糞などが使われており、そのうち二種類以上を組み合わせて使っている人が多い（このうち魚かす、米ぬか、骨粉などが味をよくする肥料といわれている）。

過石（過リン酸石灰）はどの人も共通して使っているが、炭は使う人と使わない人がいてまちまちである。

私の場合は、屋敷や畑の生け垣、果樹園のせん定枝などで炭を作っており、これを材料に使っている。炭は空気や水分を保ちやすく、肥料成分も吸着し、また有効微生物のすみ家になっているとも考えられるおもしろい材料だ。これを加えることで、さらに微生物の繁殖がすすむのではないかと考えている。

主役は山や田んぼの土壌 選び方の基本

ボカシ肥の主役はある意味では山土や田んぼの土壌だ。土に住んでいる微生物で有機質肥料を発酵させるのだから、基本となるのは土の選び方だ。

第一に、病害虫の心配のない土を選ぶことが重要だ。例えば、スイカや露地メロンがつる割病で枯れていて、雨が降るたびにその畑の土が流れ込むような田んぼの土を使うのは危険である。

山土がよいといっても、病気の被害を受けたスイカや露地メロンの捨て場の近くから、土を取ってくるのも危険なことである。

ボカシ肥に使う土は、このような病害虫の心配のないところから採取したい。

第二に、山土の場合、中にはpH三・〇と言うような強酸性のものもある。酸性の強いままボカシづくりを行なってもよいものはできない。あらかじめpHを調べ、強酸性であれば石灰で中和する。

第三に、粘土分が多すぎる土や砂はさけ、排水がよく保水力のある土を選ぶ。

また有機質肥料は二種類以上を組み合わせて使用する。乾燥鶏糞のみ、油かすのみといった単独の材料では、菌が片寄って繁殖するためか、効果が劣るといわれている。

鶏糞を使う場合は、天日乾燥したものがよく、火力乾燥したものはよくない。火力乾燥したものは高温で熱せられて有効菌が死滅しているためではないかと思われる。

ミネラルの補給に、灰も使いたい材料ではあるが、なかなか手に入りにくくなっている。

失敗しないための注意点 低温発酵がポイント

ボカシ肥の積込み期間は、最低で六カ月くらいあればよいが、できれば使用する一年くらい前に積み込んでじっくり熟成させたい。

また積込みは真冬、真夏をさけて春四～五月か秋九月ころ行なうのがよく、これで翌年の三～四月には使用できるようになる。

土が乾きすぎていたり、湿りすぎていたりのときは積み込まないということも原則である。

雨降り直後で山土が多湿のときに積み込むと、土が練られることになり、空気不足となる。また乾き過ぎのときでは発酵のすすみが悪い。過乾、過湿いずれも微生物の繁殖に不適であるから充分注意したい。

油かす、米ぬか、乾燥鶏糞などの有機質肥料をよく発酵させるためには、水分六〇％くらいに調整したい。水分が不足すると高熱になりやすく、さらに不足すると発酵しなくなる。また多湿過ぎても発酵しない。

表２　ボカシづくりの手順

①場所の選定	なるべく家の近くで目が行きとどくところを選ぶ。下からも空気の流通があるように積み込みの１カ月くらい前に地表を荒く耕うんしておくとよい。
②材料をわける	材料はサンドイッチ状に積み重ねるので、土は８等分、乾燥鶏糞、油カス、米ぬか、過石、炭は７等分しておく。
③積み込み	積む場所が乾燥している場合は、たっぷりかん水する。まずその上に山土を５cmの厚さに敷く。山土が乾燥していたり、雨降り直後で過湿のときは積み込みをさける。降雨があって、３～４日後、土を扱ってもショベルに土がはりつかなくなったときが最適期である。 つぎにその土の上に７分の１の炭を均一に散布する。さらに７分の１の油かす、米ぬか、乾燥鶏糞、過石の順に均一に積み込む。そのあと、これらの材料全体が湿るようにかん水する。これを７回くり返し、最後に８分の１の残った山土を積み込みたっぷりかん水する。
④ムシロでおおう	材料の表面が乾燥しないように、こもやムシロなどでおおってビニールをかけ、雨よけとする。
⑤切返し	発酵がすすむと発熱する。温度が50度くらいになったら切返しを行なう。八層に積み込んであるので、各層がよく混和するように片側から備中鍬で切りくずしながら、表面を荒くおこしたとなりの堆積場所に積み込んでゆく。 １回目の切返しのあとも、高熱発酵させないように、温度が50度をこえそうになったら切り返す。これを３～４回くり返し、高熱がでないようになったらそのまま熟成させる。

ボカシ肥づくりは、低温発酵が有効菌繁殖の最大ポイントで、高温発酵では効果が著しく減ずる。積込み後は発酵温度に充分注意し、五〇度以上になるようであればすぐ切返しを行なう。少し油断すると六〇度以上にも七〇度以上にもなって失敗する。

元肥として株元ちかくに施用　全面散布はムダ

ボカシ肥の使い方は元肥として根圏に施用するのが原則である。

露地メロンやスイカの場合、定植数日前に植穴を掘り、一穴にボカシを二～三握り施用し、軽く土と混合しておくのがよい。ときには追肥として株元に施用することもあるが、元肥に使うほうが効果が高い。

定植した根がすぐ利用できるように株元近くに施用するのが活着をよくし、初期生育を促進するポイント。根から遠く離れた溝の底への施用では効果はうすれる。

また全面散布は多量のボカシ肥が必要になるだけで、労多くしてむくいが少ないムダなことである。

（愛知県豊橋市草間町大字大応寺前二一二）

一九八六年七月号　ボカシ肥

作目別ボカシ肥の施し方

追肥　ボカシ肥を直射日光にあてないように!!

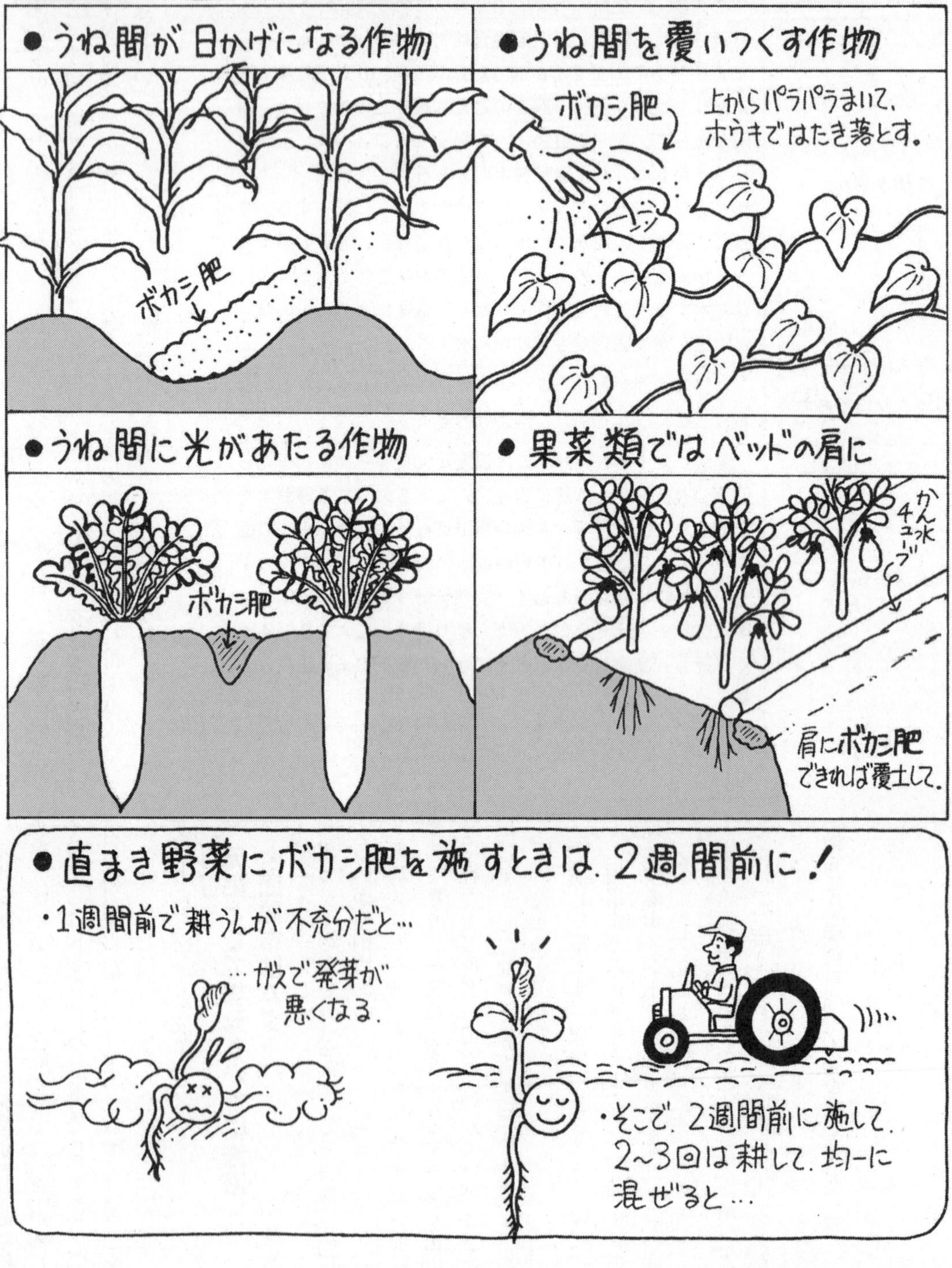
●うね間が日かげになる作物
ボカシ肥
●うね間を覆いつくす作物
ボカシ肥
上からパラパラまいて、
ホウキではたき落とす。
●うね間に光があたる作物
ボカシ肥
●果菜類ではベッドの肩に
かん水チューブ
肩にボカシ肥
できれば覆土して。
●直まき野菜にボカシ肥を施すときは、2週間前に!
・1週間前で耕うんが不充分だと…
…ガスで発芽が
悪くなる。
・そこで、2週間前に施して、
2～3回は耕して、均一に
混ぜると…

マルチ施用するときは、塊状になるほど多量に施用すると、虫が発生して作物に被害を及ぼすことがあるので、過剰施用しないよう注意してください。

二〇〇一年十月号 まずはクズ類、カス類の性格を知ることだ

米ぬかは微生物の栄養剤

藤原俊六郎
（神奈川県農業総合研究所）

米ぬかを、十分に酸素のあるところ（好気的条件）におくと、糸状菌（カビ）や細菌が繁殖します。逆に、酸素が不足するところ（嫌気的条件）では、乳酸菌や酵母など酸素をあまり必要としない微生物が繁殖します。

好気条件で繁殖する糸状菌（カビ）や細菌は生ごみ分解を促進する微生物であり、嫌気条件で繁殖する乳酸菌はアンモニアの発生を防いでくれます。

米ぬかは肥料成分に富んでおり、有機肥料として使えます。肥料成分以外にもビタミンやミネラルに富んでいるため、堆肥の原料とするよりは、堆肥化に働く微生物の栄養剤として、あらゆる堆肥に五％程度混合するとよいでしょう。使い方によっては、微生物資材を使うよりははるかに効果がある場合があります。

米ぬかの肥料成分（神奈川県農総研）

	含水率	窒素	リン酸	カリ	炭素率
現物含量	10%	2.79%	5.35%	1.82%	
乾物含量		3.1%	5.9%	2.0%	16

安くて簡単 効き目抜群の納豆ボカシ

川崎大地

北海道佐呂間町の佐伯まり子さんは、野菜作りが大好き。作った野菜を青空市で直売しています。

以前から土づくりのために、魚かすや山の土を使ってボカシを作っていましたが、お金も手間もかかって大変でした。

ある時、納豆菌が土にいいと聞いたまり子さんは、納豆なら安くていいかも、と思い納豆ボカシを作ってみることにしたのです。

材料は、納豆二パック、米袋いっぱいの米ぬか、それに水四ℓほどです。

やってみると作り方はじつに簡単。まず、桶の中で水と納豆を手で混ぜます。納豆の粒が一粒ずつバラバラになり、水が白く濁ってきたら手を止めます。

あらかじめコモの上に米ぬかを広げておき、そこに納豆の入った水を少しずつかけ、手でよくかき混ぜます。握ると固まり、指でつつくと崩れるくらいの水加減がベスト。

上にコモか毛布をかけて一～二日後に温度が上がってくるのを待ちます。中に手を入れ、ポカポカ温かさを感じるようになったら切り返しを三～四日続けます。コモをかけてさらに何日か置くと、表面を白い菌が覆うようになり完成です。

できたボカシをナスやキュウリの株元にたっぷりまいてやると、病気がついても再び持ち直すようなたくましい樹になり、野菜の味も濃くなって、青空市でも大人気なのだそうです。

二〇〇三年十一月号 あっちの話こっちの話

小さな畑はアイデアがいっぱい

ボカシづくりにはモルタルミキサーが便利

岐阜県下呂市　大坪夕希栄

サラリーマンの家庭で育った大坪さんは、農業のことはまったくしらなかった。家族のアトピーがきっかけで、食べもの、そして農業のことを考えるようになった。今では、六aほどの小さな畑で無農薬栽培に取り組み、地元の肉屋さんで販売もしている。

ボカシづくりに使うモルタルミキサー。私が使う道具は夫が廃物利用して作ったものがほとんど。すり減った羽根の部分を改良してくれました

毎日があわただしく過ぎていますが、べっぴん会の仲間と新しい試みを始めました。メンバーが借りている休耕田でエゴマを作り、エゴマ油をしぼろうというものです。

今は搾油機の選定をしているところです。「べっぴん会印のラベルでも付けて販売しよう！」などと、半分夢のような本気のような…。結果はやってみてのお楽しみ。

…中古のモルタルミキサーが大活躍

私が使う肥料は主にEMボカシです。以前は、土着菌を探して竹やぶの中を歩いたこともあるのですが、その後は作ってはいません。

ボカシづくりにはモルタルミキサーが大活躍しています。前は、ビニールの上に米ぬか、菜種かす、魚粉などをおき、スコップで混ぜてからEM液をかけるという作り方でした。何度も切り返したり、ダマがないようにふるいにかけたり、手でこすりながら塊を壊したりするのがけっこう大変で、ボカシづくりに半日ほどかかっていました。

今はモルタルミキサーで撹拌しながら液をかけることができるので、あまりダマができませんし、三〇分くらいで仕込みは終了です。

以前、コンクリートミキサーも使ってみましたが、かなり大きな塊ができてしまいまし

た。あとでふるいにかけて細かくしなければならず、これもかなり面倒でした。

最後に米ぬかを混ぜるとダマにならない

『現代農業』の記事に、米ぬか以外の材料に水を混ぜて、最後に米ぬかを混ぜると、ダマにならないとありました。試してみましたら、本当にきれいにできました。手で混ぜる方にもぜひおすすめします。

　ボカシは天気がよくて風のない日を選んで、年に四～五回作ります。足りなくなったら作り足しますが、九月は、秋野菜のためにある程度の量を確保しておきます。

（岐阜県下呂市萩原町尾崎二四二三―一）

二〇〇四年八月号　秋のタネまきはコオロギとの闘い？ペットボトルで対抗

ボカシ肥のつくり方 ※おおよその量です

分量

米ぬか	30ℓ
魚粉	8ℓ
菜種かす	8ℓ
もみがら	適量
もみがらくん炭	適量
電子水	3ℓ弱
EM1号	45cc
糖蜜	45cc

手順

①糖蜜を熱い湯（分量の電子水の一部を沸かす）で溶いてゆるくしておく
②①が少し冷めたら残りの電子水を入れて温度を下げてからEM1号を混ぜる
③他の材料（ただし、米ぬか以外）をモルタルミキサーで混ぜる
④だいたい混ざったらミキサーが回っているところに、②のEM液をじょうろでジャーッとかけてゆく
⑤米ぬかを混ぜる。もみがらも水分調整のために入れるので最後に混ぜてもよい
※水分が多いと失敗することもあるので、私は手で握ってもパラッと壊れるくらいにします。

　材料を混ぜたら、ボカシつくりをしている知人から分けてもらったタンクに入れてふたをしておきます。この分量でタンク1つぶん入ります。
　できあがりまでの日数は気温によって違いますが、私はにおいで決めています。タンクのふたを開けてみて、魚粉のにおいがなくなり甘い香りがしてきたら（夏ならおよそ10日ほど）できあがりです。

1ℓ以上のペットボトルを切って、タネをまいたところに差し込んでおくと、コオロギを防ぐことができるらしい

写真でみるボカシ肥づくり

撮影協力　小林芳正（福島県熱塩加納村農協）

（1）材料は大豆かす、米ぬか、菜種油かす、魚かす、骨粉

（2）材料をスコップでよく混ぜる

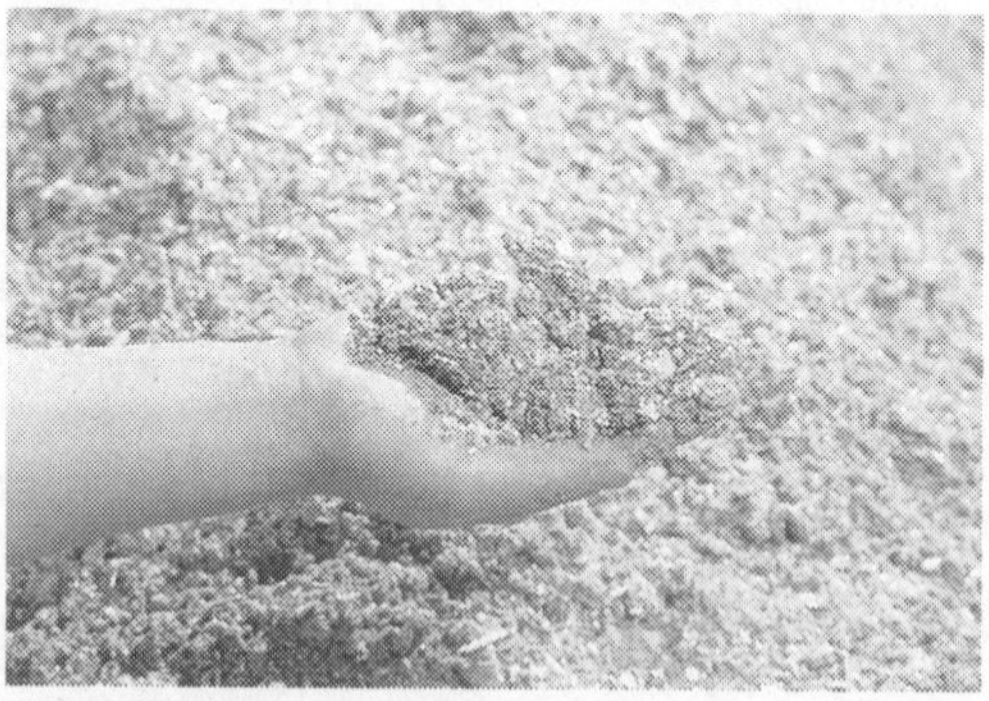

（3）水分を加える

（4）ビニール袋に入れ、口をかるく結んで発酵

ボカシ肥をうねの中に入るよう、
溝を掘って施す

（5）でき上がりの状態

＊「農業技術大系土壌施肥編」　第7-1巻　各種肥料・資材の特性と利用

（撮影　橋本紘二）

土着菌ボカシと踏み込みベッドで40年連作キュウリ！

茨城県総和町　松沼憲治さん

▲土着菌ボカシづくりは冬が適期。ハウスでつくると発酵が早く、菌のまわりも早い

（撮影　橋本紘二、以下＊）

▲これが竹ヤブの中で見つけた土着菌の固まり。通称ハンペン。土着菌は土手草やイネの刈株からもとれる

（撮影　小倉隆人、以下※）

◀ハンペンを持つ松沼憲治さん。松沼さんは土着菌ボカシを踏み込みベッドづくりに使うほか、ハウスの通路に１カ月に１回定期的にまいて、ハウス内の微生物の繁殖につとめている（※）

種菌をつくる

とってきたハンペンは、発泡スチロール箱にふたをしてコモをかけてハウスの中に置いて保存。こうしておけば、いつでも取り出して使える（※）

種菌のつくり方

①ハンペン5つかみと、40度くらいにさましたご飯を混ぜる
②翌日これを15kgの米ぬかとあわせる
③米ぬかの重さの3分の1の水を加え、コモをかけておく。発熱したら米ぬかと水を足して増量。10～15日して白い菌がまわってバサバサの状態になったらできあがり。できあがりは肥料袋やコンテナに入れておく

ボカシをつくる

土の上でつくるので、多少の水分量のズレは土が自動的に調整してくれる（＊）

土着菌ボカシのつくり方

（300kgつくる場合）

①ハウスの湿った土の上に、米ぬか150kgを広げ、そこに菜種かす60kg、骨粉20kg、種菌30kg、赤土50kg、もみがらくん炭10kgを平らになるように加えていく
②中心部分を少し掘り、水100ℓを加え、コモをかけておく。水分量は必ず材料の合計の3分の1とする
③1日1回ずつ切り返し、だんだん乾燥がすすみ、2週間したら極上ボカシのできあがり。湿り気が残っているときは、そのまま2～3日おくとよい

できあがり

表面に白い菌がびっしり出て、土との境目をはぐってみると、菌が土をしっかりつかんでいる。「買ってきた菌の場合、材料と土の境はこうはならない。ところが土着菌を入れてボカシをつくると、切り返しのときに土を一緒につかんでくる。地域の土着菌だから親和性があるんだ」と松沼さん（※）

松沼さんの踏み込みベッド

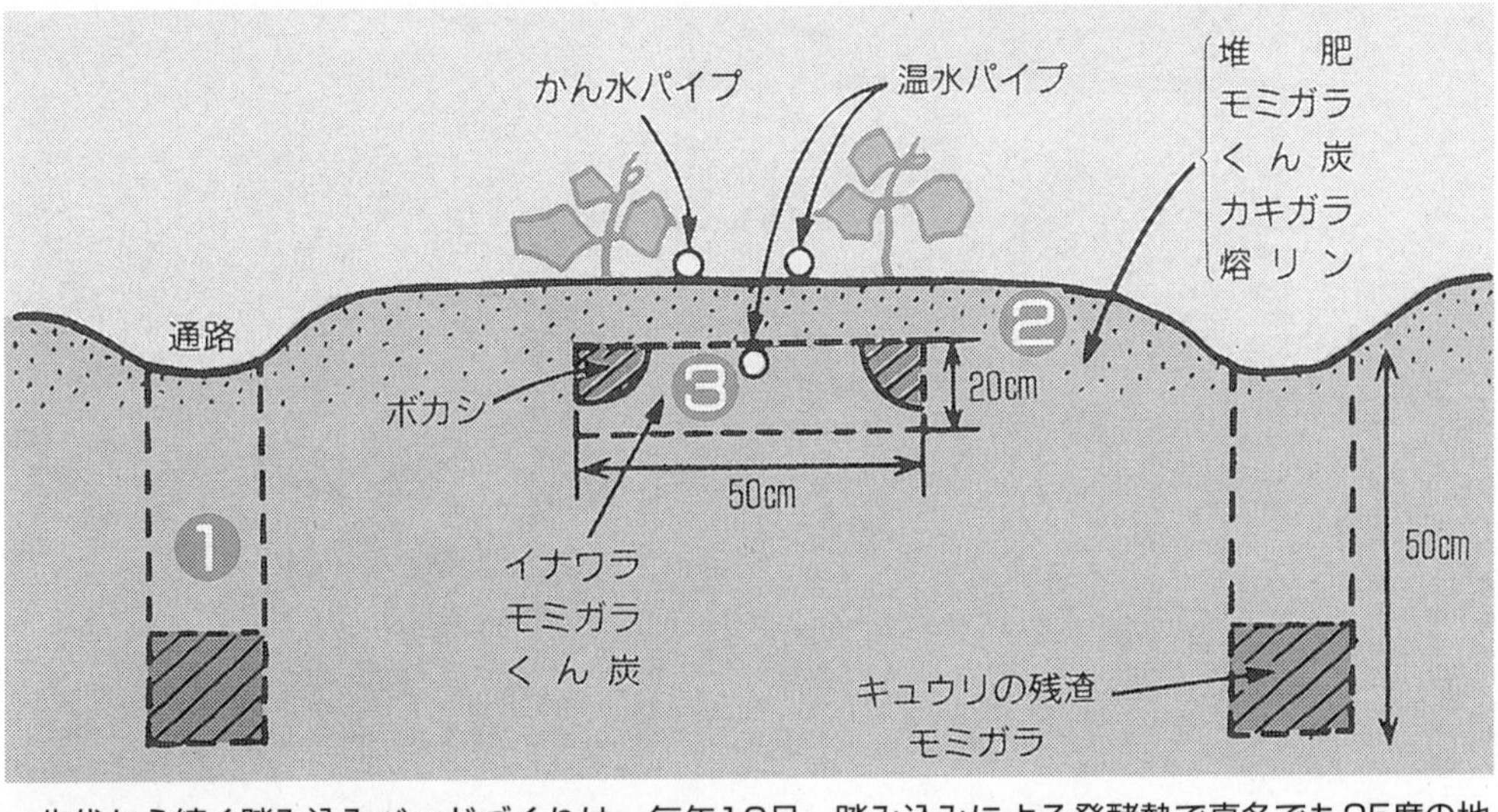

先代から続く踏み込みベッドづくりは、毎年12月。踏み込みによる発酵熱で真冬でも25度の地温が保たれている。うね幅2mで、300坪あたり稲わら3t、もみがら2t、堆肥2t、くん炭400kg、ボカシ300kgもの有機物を投入する。

キュウリは40年以上も連作しているのに連作障害はなく、収量が安定している。味、香りもよく、10年以上東京のスーパーとの契約栽培が続いている。

おからボカシはダンボールでつくる

栃木県黒磯市　室井雅子さん

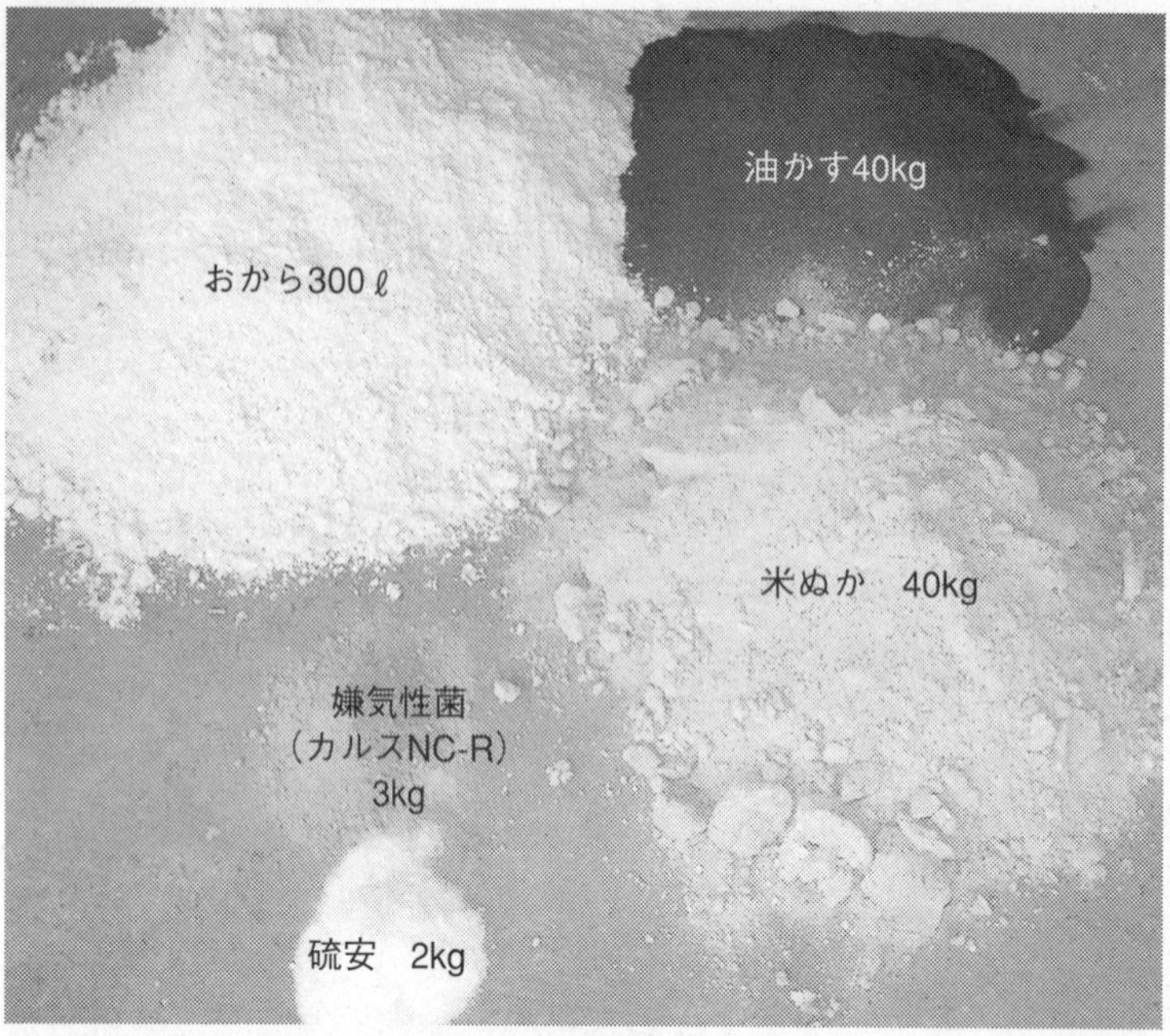

おからボカシの材料。嫌気性菌（カルスNC—R）を使って、切り返しなしでつくることができないか。カルスNC—Rは乳酸菌、酵母菌と主体とした微生物資材

乳酸菌、酵母菌でぬか床発酵させる

鉢花農家の室井雅子さんは、豆腐屋さんからもらってきたおからを嫌気性微生物を使ってボカシ肥料にする。おからは栄養が豊富で魅力的な素材だが、水分が多くてすぐ腐るのが難点。室井さんも何度も失敗して腐敗させたが、とうとうダンボールを使ってボカシ化する方法を発見！

材料はとにかくよく混ぜる。管理機を使うとよく混ざる

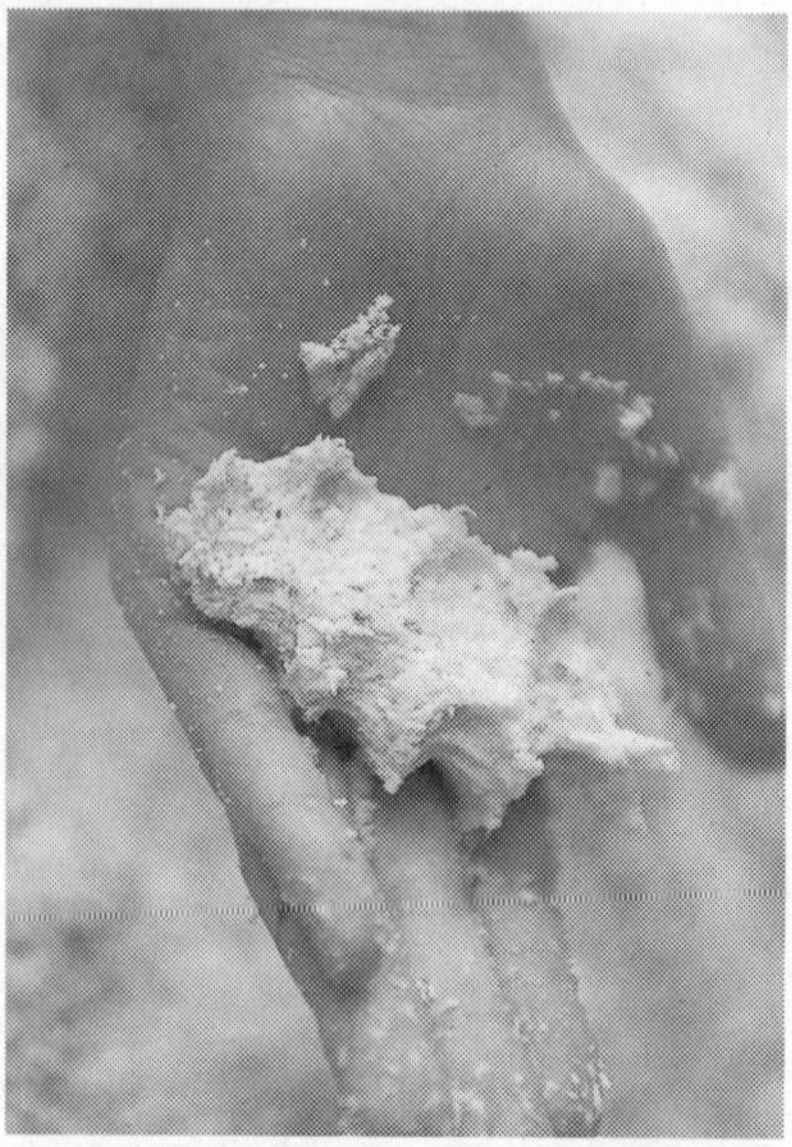

握ると水がしみ出るおから。新鮮なおからは水分を80%以上も含んでいる。水分が多すぎるため、絶対嫌気性の腐敗菌が繁殖して、有害ガスが発生しやすいのだが…

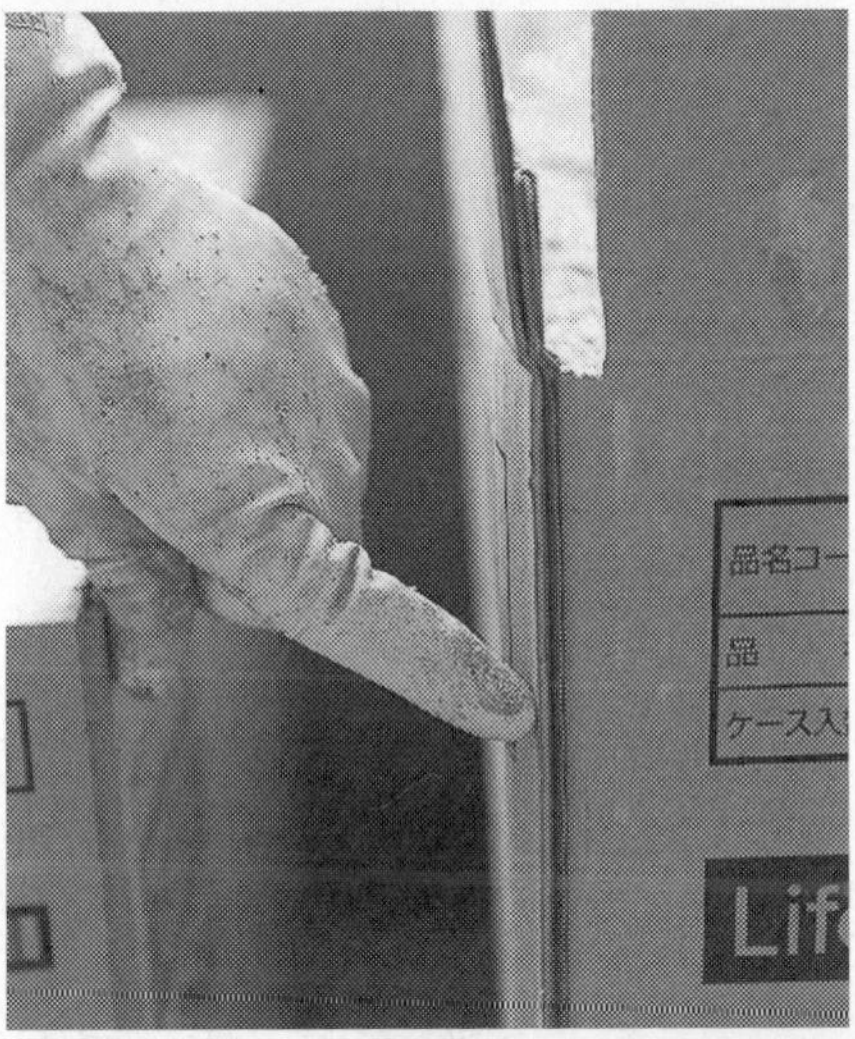

ダンボールとダンボールをくっつけず、一〇㎝くらいのすきまをあける

材料が混ざったらダンボールに移してふたをする。3日目頃から余分な水が外にしみてくるのがわかる。

軽くふたをした上に、広げたダンボールをかぶせ、完全密閉しない。箱の中は適湿に保たれ、2週間ほどで水分が抜け、カチコチになる。クラッシャーで粉砕・袋詰めして冷暗所に保管すると、1カ月ほどで使えるようになる

いかに乳酸菌が繁殖する水分に保つかがポイント。ぬか床のように毎日かき混ぜればいいのかもしれないが…。

ダンボールを密閉しないことで、乳酸発酵に最適の状態をつくりだすことができた。

おからボカシを使うとなぜか節間がつまり、花つきがいい。葉に光沢が出る

（撮影　倉持正実）

二〇〇三年十月号　おからボカシはダンボールでつくる

自家用野菜の上手なつくり方

米ぬかとエントツで切り返しなしでも立派な堆肥ができる

福井市　辻岡百合子

堆肥づくりは切り返しがたいへんで脱落者が…

家の新築とともにトイレも水洗になり、下肥の世話もしないようになって二〇年あまりになります。そのためか、すっかり畑も病んで、ダイコンでさえ黄化萎縮病みたいになり、病気にかかった株を取っても取っても次々と出る始末になりました。

土つくりをしなければと、有機野菜のグループと交流会を設けて、堆肥つくりを教わりました。とてもよい堆肥ができあがりました。しかし、切り返しがとてもたいへんで、脱落者が出るありさまでした。

何かよい方法がないものかと考えていたときに、煙突を立てて麦わらを早く発酵させるという小さな記事が目に止まり、さっそく実行したのが次の方法です。

エントツを吹き抜けにすれば自然発酵

①ビニール管にドリルで穴を開ける。四〇㎝くらいの管の真ん中に一〇㎝の穴を開け、T字型の煙突をつくる。これを吹き抜けにする

②牛ふんにもみがらをかけ、混ぜながら積み込む。中で混ぜるよりこの方が簡単。一人は中に入り、ぐるりを固く踏み込む

③三〇㎝ほど積み込んだら、米ぬかとバイムフード、過リン酸石灰をよく混ぜたものをまんべんなくかける。さらに少しずつ枠を上げながら積んでいく

④もみがらが崩れて落ちないように上敷を巻き、さらに縄で鉢巻をする。上敷が幅一杯になった時点でもう一枚を足し、さらに積み上げる

⑤最後は山にしてビニールをかけ、中古シートをその上から巻いて、雨水が入らないようにする。そして縄を井桁にかけ、しっかり止めて完了

このまま半年間放置しておけば良質堆肥ができあがります。十一月に二個、春一個、秋野菜の前にもう一個つくります。一個で肥料袋に二三〇袋くらいできます。

材料	数量
牛ふん（または鶏ふん10袋）	2t車一台
米ぬか	40kg
過リン酸石灰	40kg
発酵菌＝バイムフード（または石灰窒素１袋、発酵菌のほうが安くつく）	半袋
ビニール管	直径10cm 長さ３m
中古シート	
和室に使う古い上敷	六畳一間分
細いビニールひも	
スコップ、鍬、箕など	

水分調整で失敗しやすい

今までに失敗もしました。酪農家の方が町の中だからと気をきかせて、発酵した牛ふんを持って来たときは、半年たってももみがらが生のままでした。それからは、生はにおうので、少し乾燥したものをもらうようにしています。

水気がたくさんあったほうがよいのではないかと、小雨の時につくったこともありましたが、真ん中だけが堆肥になっていただけだったので、また積み直しをしました。

また、空気入れの煙突を入れると、それを中心に円く発酵をするので、すみの方には米ぬかを多めにやるようにしました。

上敷を杭の内側にぐるりと回して、その中に円柱状に堆肥を積む方式だと、枠上げをしなくてもすみます。グループの一人が、「ゴミの日に上敷が捨ててあると、あたりを見回して、サッと取ってくるのよ」と言ったものですから大笑いになりました。

このもみがら堆肥のよい点は、どうせ捨てなければならない物を利用できることと、畑にまきやすいことです。稲わらでつくるよりは、三倍の値打ちがあるそうです。

三年目で地力がついて、病害虫にも強くなり、収穫もたいへん多くなりました。

（福井県福井市花堂北二丁目一七—一八）

一九九三年十月号　切り返しも枠上げもしないで立派な堆肥ができる

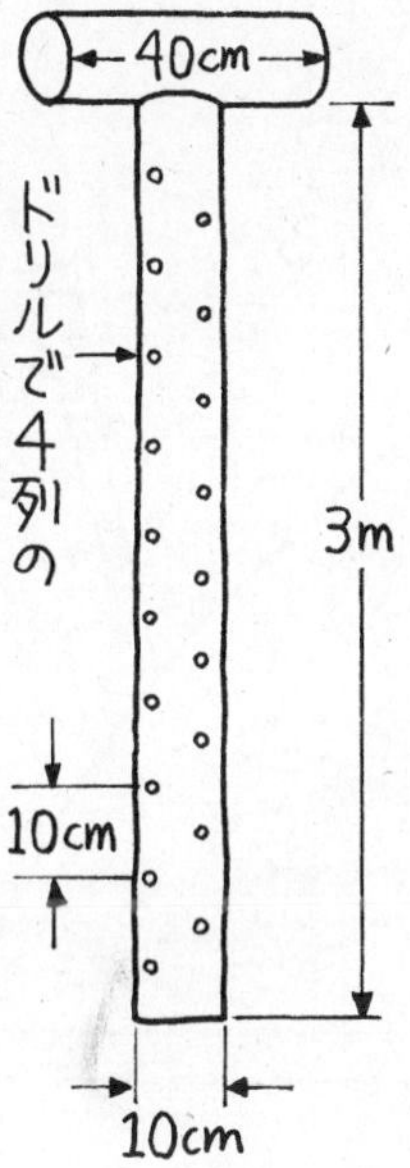

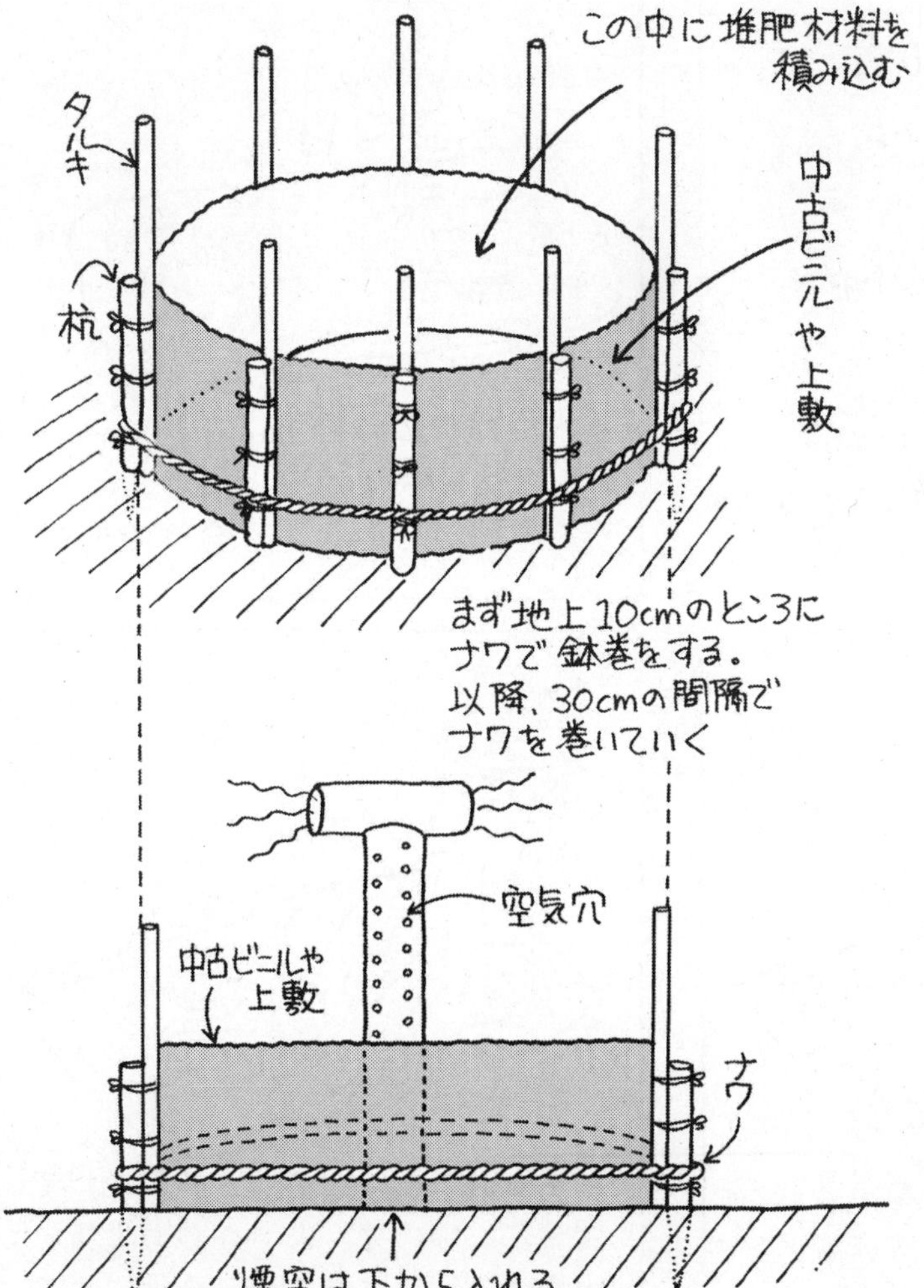

絵・高橋しんじ

文ちゃん ボカシ（種ボカシの材料）	
○米ヌカ	300kg
○バイムフード（種菌）	5kg（1袋）
○セルカ（貝殻粉末肥料）	60kg
○水	40ℓ（夏は60ℓ）

＊バイムフードは西さんが取り組んでいる「島本微生物農法」の酵素菌

①

米ぬかを広げた上に
セルカの袋を点々と置き、
袋を開けてセルカを全体にまく

②

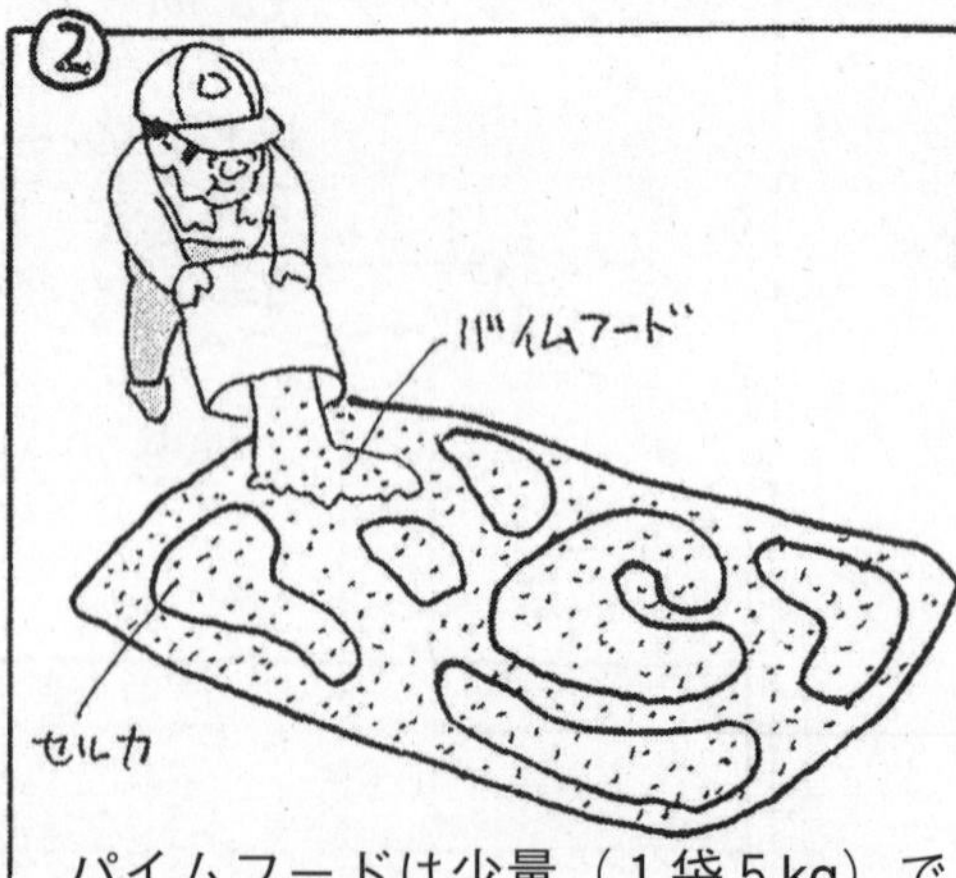

パイムフードは少量（1袋5kg）で
混ぜにくいので、あらかじめ少量の
米ぬかで増量させてから全体にまく

③

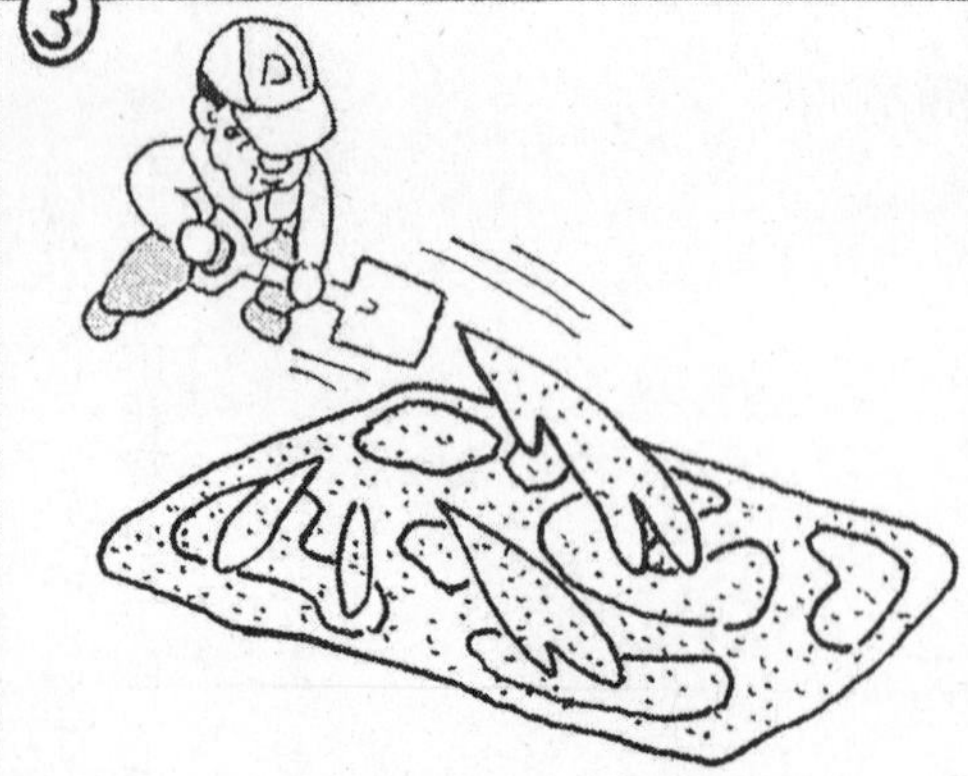

②で作った少量のボカシを
スコップで全体にまいて広げる

ボカシ肥づくり秘伝

セルカって
なんですか?
セルカ

セルカの中には、マンガンやホウ素、亜鉛、鉄、銅、モリブデンなど、微生物のエサとなる微量要素がいっぱい。微生物はこうした要素があると喜んで増え、力が活発になる。だから、文ちゃんボカシは、菌のパワーが協力なのだ

この菌のパワーで
堆肥を作ったり、
病害虫防除もする
から、文ちゃんボカシは
とても大事。
この文ちゃんボカシをもとに
肥料ボカシも作りました

文ちゃんボカシをもとに肥料ボカシをつくる

材料(1反分)	
セルカ	150kg
珪鉄	150kg
ナタネ粕	60kg
綿実粕	100kg
ダイズ粕	40kg
魚粉	100kg
文ちゃんボカシ	100kg

④

クワで溝をつくり、
そこへバケツで水をまいて、
ポプローダーで一気に混ぜる

⑤

山に積む。水分は少なめで、握っても固まらず、パラッと崩れる程度

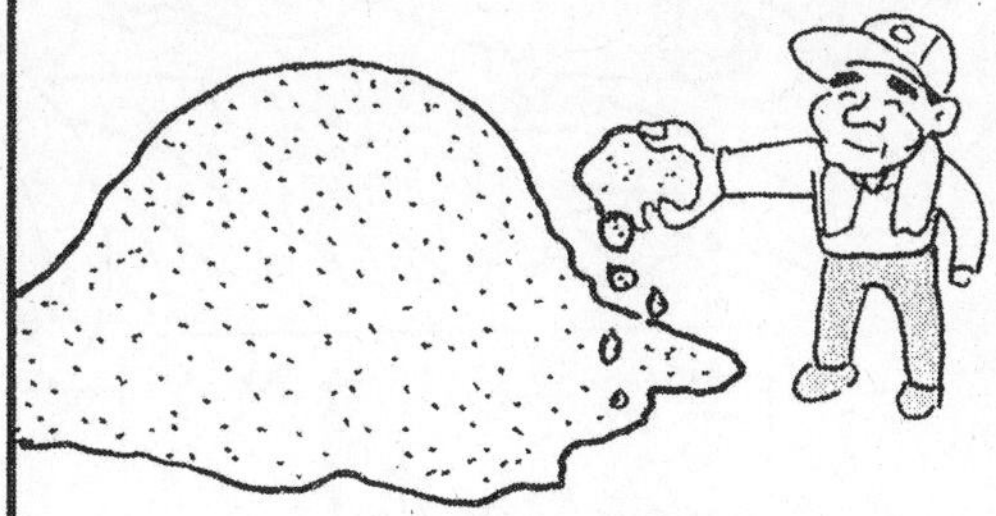

⑥

水分の均一をはかるため、最初の1日だけビニールシートをかける。

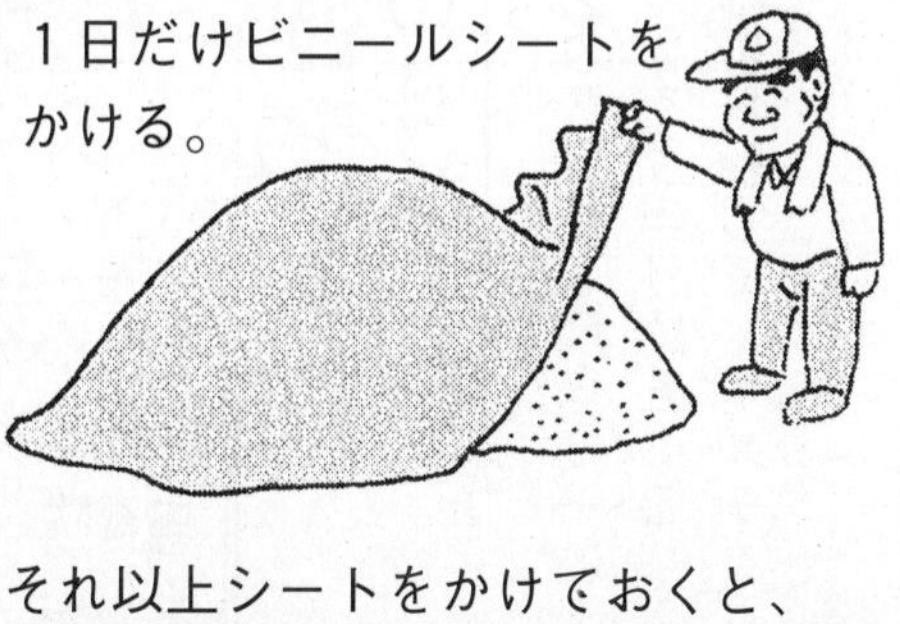

それ以上シートをかけでおくと、
嫌気性発酵がすすみ、くさりやすい。
1日1回かき混ぜて10日でできあがり

露地のナス畑

菌に満ちた畑のナスはクスリ代1/3!!

おっ!!
畑にも文ちゃんボカシをふっている
キノコも生えている

土にもいっぱい文ちゃんボカシ

定植二週間前

文ちゃんボカシを反当り三〇〇～四〇〇kgふって浅く（一〇cm）耕す。すると畑は土ごと発酵して菌によって耕される（菌耕）。畑全体に土こうじの層ができ、カビが生えてくる。

土が俄然若返る

歩くとくつがボコッと沈み雪が降ったあとみたいに足あとができる
菌耕
ボコッ
ワアッ!! フカフカ
下へ下へ

定植1週間～10日前

中熱のチップカス堆肥を反当り一〇～一五t、肥料ボカシを反当り約五〇〇kgふる。一五～二〇cmに耕耘して、マルチング。定植

ボカシ肥づくり秘伝

収穫が始まるころから、文ちゃんボカシを２週間おきに通路にふる（反当り100～150kg）。その頃から葉かきした葉も通路に捨ててしまう。

文ちゃんボカシの中にいる微生物がナスの葉をエサにして分解。さらに増えてパワーアップ！　病原菌のウネの中にいるスリップスのさなぎも食べるのか、病害虫が減る！　おかげで西さんのナスはクスリ代がまわりの農家と比べてなんと3分の1！

これで菌核もウドンコも出ていない！

難しい水分調整をこの手でクリアー

コンクリートではなく コンパネの上で混ぜてみた

長野県 小林正人さん

物置の床（コンクリ）の上で混ぜていましたが、どうしてもご飯の焦げつきみたいに3㎝ぐらいの腐敗したダマができました。コンパネなら余分な水分は吸収してくれたり、すき間からしみ出るのでよいボカシができました

水ではなく 雪を混ぜる

青森県 竹内美智雄さん

雪のほうが自然に解けて、ボカシの中にゆっくりと水分がまわるので、仕上がりがさらさらの状態でよくできる

ボカシづくりは12月にやる。私はボカシに水を入れません。水を入れると米ヌカが固くなるような気がします

ボトルを転がして混ぜてもいい。

ボカシ肥づくり秘伝

コツは材料と水を混ぜる順番。米ぬかは水を吸うと団子のようになって重くなってしまう

目指すはダマのないサラサラボカシ
米ヌカは最後に混ぜる
兵庫県・山下正範さん

だからまず最初は水を吸っても固まらない性質の骨粉、油粕、カキ殻粉末（有機石灰）、モミ殻クン炭などをジョーレンでさっとかき混ぜる。セメントを混ぜる要領と同じで、真ん中をくぼませて、そこへバケツで水をドボドボ入れる。水は3回に分けて入れて混ぜると、全体に行きわたる

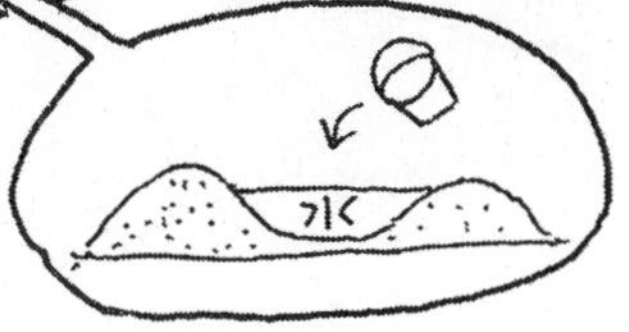
水

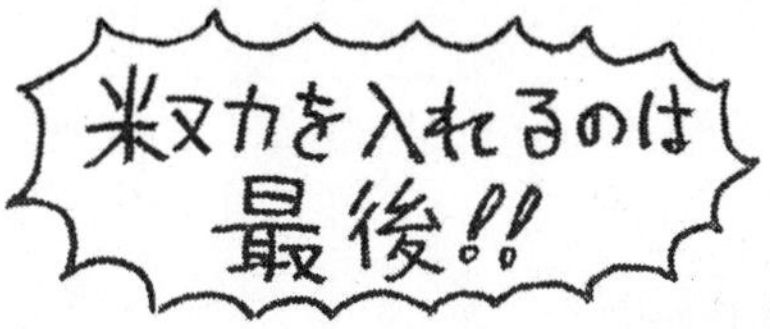
米ヌカを入れるのは最後!!

全体に水がまわってしっとりとしてきたら、米ぬかをふりかけて、ジョーレンで切り返す

EM農法をやっているじいさんから、「モミガラにEMの希釈液をかけて湿らせておいてからそのうえに米ヌカをふりかけると均等に撹拌できるよ」と教えてもらったのがきっかけです

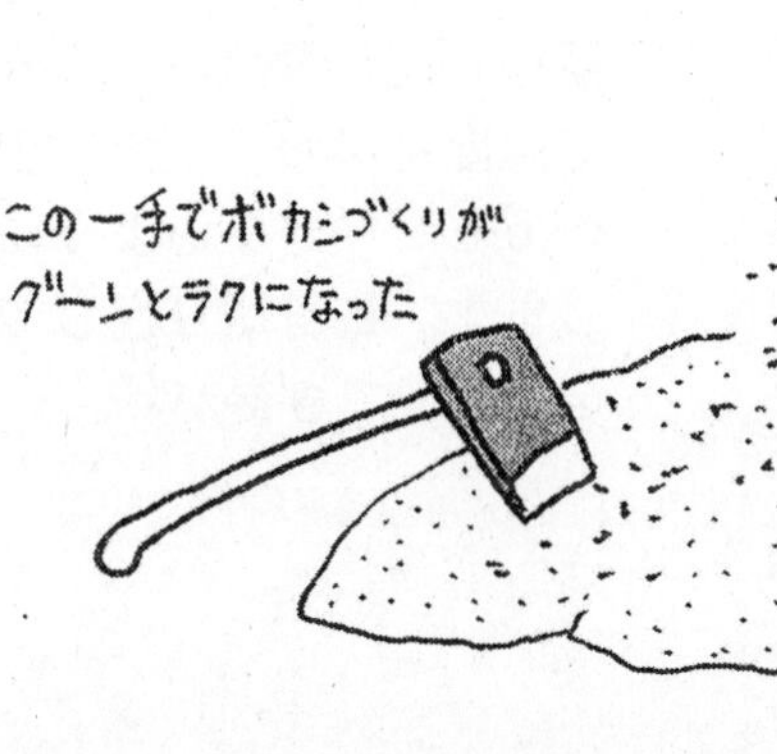
この一手でボカシづくりがグーンとラクになった

小型管理機はチョロイ!? 大量ボカシの攪拌は雪かき機で

福島県 佐藤孝雄さん

ボカシ肥は年間10t、１回に１t近く作るので、小型管理機では事足りず、雪かき機で材料を攪拌しています

水分は木酢の300倍液を使うと、土壌の中の有効微生物が元気に育ちます

攪拌したら電熱線を入れて温度を保ち、ボカシ肥がカゼをひかないようにします。毎日切り返して２週間でできあがり

ボカシ肥づくり秘伝

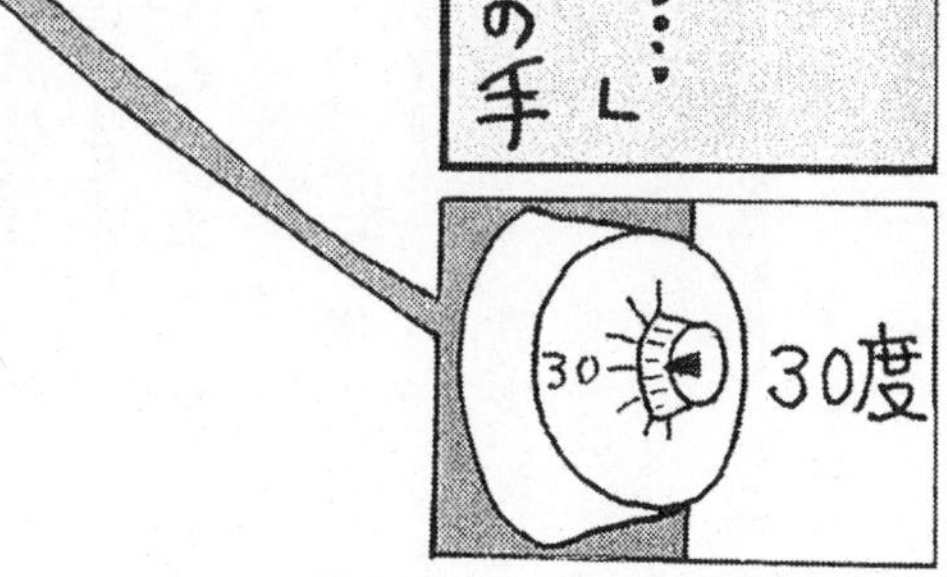

ボカシ肥は中古の育苗器の底と側面にコンパネをはってその中に入れて発酵させます。最初の温度が上がるときだけ、30度に設定して加温し、初期発酵を促します

ボカシ肥の温度が上がりにくい冬は、湯たんぽが一番！　液肥が入っていた容器に熱湯を入れて床に置き、上からボカシを積んでゆきます

2000年10月号　ボカシ肥づくり秘伝

発酵・分解とは何だろうか？

編集部

有機物を自然の状態に放置すると、微生物の働きで分解が始まる。有機物は大きくは糖質、たんぱく質、脂質からできている。それぞれに分解の仕方をみてみよう。

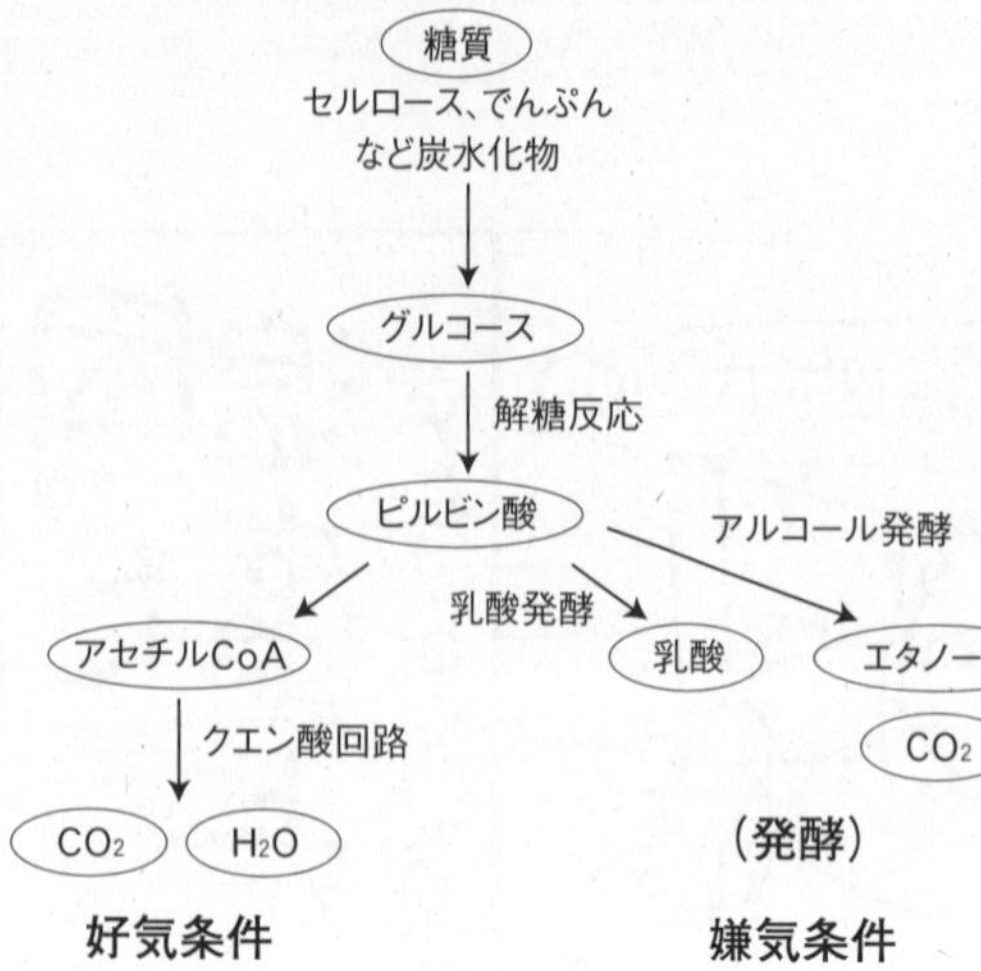

〈糖質の分解〉

糖質―好気条件で酸素呼吸、嫌気条件で発酵

生物の体内や土壌中では、セルロース・でんぷんなどの糖質は、グルコースを経て、ピルビン酸に分解される。

生物は、酸素が充分にある（＝好気的）条件では、糖を酸化することによってエネルギーを獲得し、最後は二酸化炭素と水に分解する（クエン酸回路）。

嫌気的な条件では、乳酸発酵によって乳酸が生じるか、アルコール発酵によって、アルコールと二酸化炭素が生じる。

乳酸発酵は、筋肉組織や漬物の桶の中で普段おきている。アルコール発酵をおこすのは酵母で、酸素が十分にあるときは酸素呼吸をしているが、酸素が不足するとアルコール発酵によってエネルギーを得る。酵母には菌糸がなく、細菌のように見えるが、じつはキノコやカビと同じ菌類の仲間で、昔から酒造りやパンに利用されてきた。

乳酸菌や酵母菌は、酸素が豊富なところでも少ないところでも生きることができるので、通性嫌気性菌といわれる。

たんぱく質―分解するとアンモニアが発生、最後は窒素ガスとなって大気中へ

生物の身体はたんぱく質からできている。生物の細胞内では、絶えずアミノ酸からたんぱく質が合成され、逆に、たんぱく質がアミノ酸に分解されている。

アミノ酸が分解すると、脱アミノ化によって、アンモニアと炭素骨格に分かれる。

アンモニアの濃度が高くなると、生物にとって有毒となる。だから、生物はアンモニアを体外に排泄する。水生動物はアンモニアのまま、陸生の生物は尿素や尿酸に変えて排泄する。

土壌中では、アンモニアは硝化菌よって酸化され硝酸に変る。硝酸の一部は、植物に吸収利用されるが、そのほかは、雨によって河川に流れたり、脱窒菌の働きで窒素ガスになって、大気中に放出される。

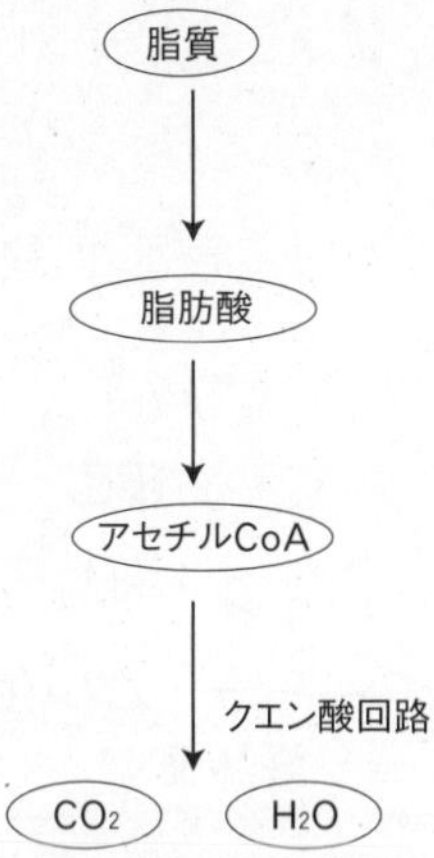

〈脂質の分解〉

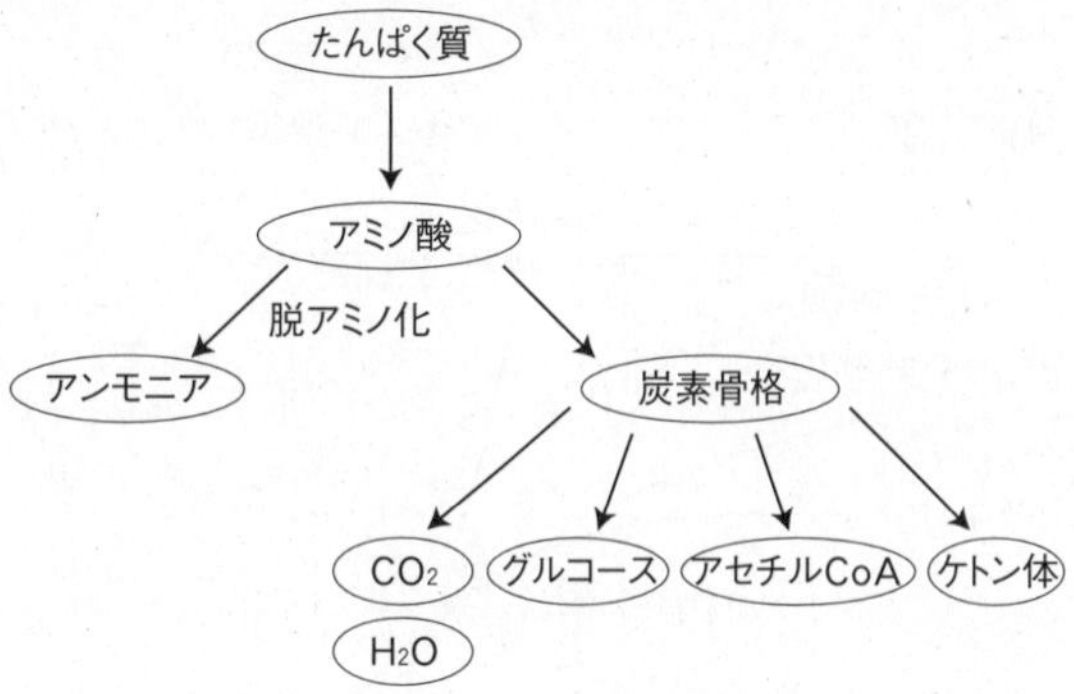

〈たんぱく質の分解〉

絶対嫌気条件下では有害ガスが発生

沼底のような酸素が存在しない嫌気条件下では、メタンガスや硫化水素などの有害ガスが発生する。

メタンガスを発生させるメタン生成菌は、空気があるところでは生息できず（偏性嫌気性）、水素と二酸化炭素を還元して、メタンガスを生成する。水田では、有機物由来の酢酸等から生じた水素と二酸化炭素を利用していると考えられている。メタン生成菌は草食動物の腸内にも生息している。

一方、硫酸還元菌は、水素と硫酸イオンを還元して、硫化水素を発生させる。

ともに偏性嫌気性菌のメタン生成菌と硫酸還元菌は、水素をめぐって競合関係にあるとされている。

微生物の代謝を生物進化からみると

生物を細胞の形態からみたときは、ＤＮＡ

「発酵」の定義

生化学の教科書によると、「分解」というのは、生物が栄養物や細胞成分を利用したり、エネルギーを取り出すために、化合物を分解することである。

また「発酵」とは、糖が嫌気的な条件下で、乳酸やアルコール、二酸化炭素に分解されることで、乳酸発酵とアルコール発酵の二とおりがあるとされている。古代から人類は、乳酸発酵（ヨーグルト、漬物など）とアルコール発酵（酒、パンなど）を食品の保存や加工に利用してきた。

しかし、普通われわれは納豆づくりや甘酒づくりにも「発酵」という言葉を使うし、ボカシや堆肥をつくるときもそうだ。納豆菌やこうじカビは、好気的な条件下で、たんぱく質・でんぷんをアミノ酸・糖に分解している。厳密にいうと、これらは「発酵」にはあたらないことになる。

教科書を書いている欧米人の学者たちは、納豆や漬物など知らないので、あまり違和感がないのであろうか。確かに、微生物のはたらきに対して、何でもかんでも「発酵」という言葉をあてると、現象の本質がみえにくくなるとは思うが、発酵という言葉にはそれだけ魅力がある…。

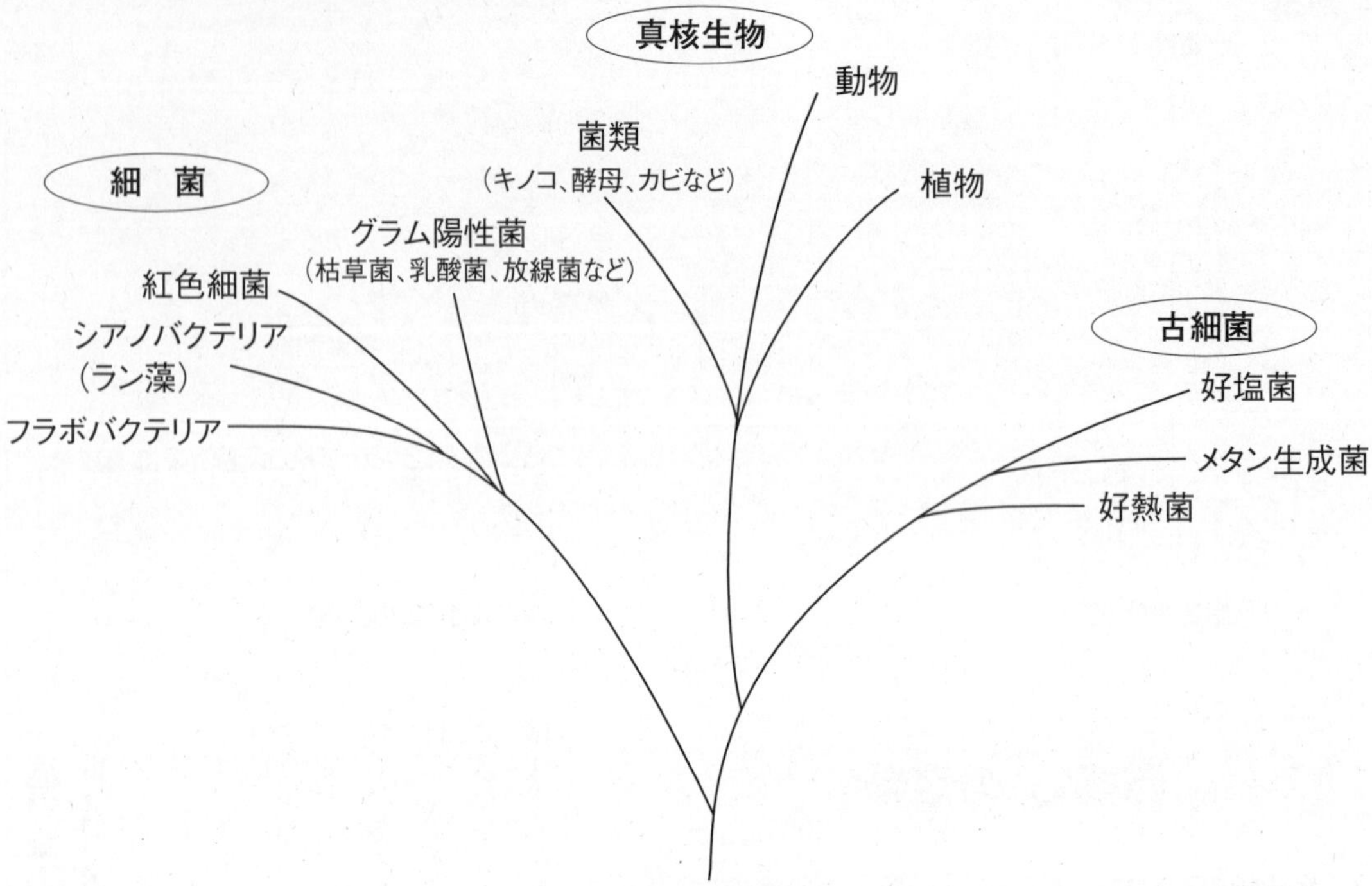

生物の系統樹

が核膜で包まれた**真核生物**と、核をもたない**原核生物**に大きく二分できる。

　しかし、RNAなど遺伝子レベルで比較すると、メタン生成菌、好塩菌、好熱菌などは、同じ原核生物である**細菌**（真正細菌）の構造とは大きく異なり、むしろ真核生物のほうに近いことがわかってきた。

　現在では生物界は、**真核生物**、**細菌**、**古細菌**の三つのグループに分けられている（ウイルスは生物の仲間からは除く）。

　きわめて複雑な構造をもつ真核生物に、古細菌がそのまま進化したとは考えにくく、原始の真核細胞内に、ミトコンドリア（酸素呼吸能力）や、葉緑体（光合成能力）の細菌を共生させて、現在の真核生物が生まれたという説が有力である。

　太古の地球大気には酸素が存在せず、最初にあらわれた原始生命は、メタン菌など古細菌に似た生き物ではないかと考えられている。

　その後、硫化水素を代謝に利用する光合成細菌（紅色細菌）等が登場し、大気中に酸素を放出するようになった。やがてラン藻類が、盛んに光合成を行ない、大気中の酸素がふえていった。

　酸素はもともと生物にとっては、有害物質なのだが、酸素を代謝に利用することで、より大きなエネルギーが得られるようになった。

◆

　近年の分子生物学の発展によって、糖やたんぱく質の代謝の仕組みについては、相当に解明がすすんでいる。

　しかし、土壌（有機物・微生物・岩石）のような、きわめて複雑な構造を持つ生命現象については、なにもわかっていないに等しい（高等生物も同じ）。微生物は、土壌中では普通に生息しているにもかかわらず、それだけ取りだして培養することさえ難しく、自然は人智の介入を拒んでいるかのようにさえみえる。

解説 ボカシづくりのポイント

編集部

ボカシ肥のおだやかな肥効

ボカシ肥は、米ぬかや油かす、魚かすなどを一定期間堆積・熟成し、微生物の働きによって、有機物をある程度まで分解したものである。材料の成分は複雑で、活動する微生物や分解の過程も、きわめて複雑な生化学反応である。

ボカシ肥を上手につかうと、化学肥料だけを使用した場合よりも、増収や良品の生産につながることが、多くの農家や研究者によって報告されている。

化学肥料は、成分が比較的単純で、肥料分も一〇〇%無機化している。一方、ボカシ肥は、成分や構造が複雑で、無機化率も低い。良質なボカシ肥では、窒素の無機化率は六〇～八〇%で、残りは微生物や腐植として存在していると思われる。

腐植のために保肥力が高く、肥効がおだやかになる。すなわち、長雨や干ばつなど天候の変動に影響されにくく、作物が安定した生育を続けられると思われる。

基本のボカシづくり

ボカシ肥は農家の長年の経験によってつちかわれた資材で、そのつくり方も千差万別である。

以下は、もっとも代表的かつ基本的なつくり方と思われる。

①有機質（菜種油かす二四〇kg、米ぬか二〇〇kg、籾がら六〇kg、魚粉一八〇kg、骨粉九〇kg）を山土（約二〇〇kg）に混合する。

②水分を全重量の二五%に調節する

③堆積後ムシロで覆い、約一カ月間好気発酵（温度管理は四〇～四五℃）させる。

④発酵終了後、カリ成分の補充に硫加四〇kgを添加する。

参考「農業技術大系 土壌施肥編」第七—一巻 橋本崇

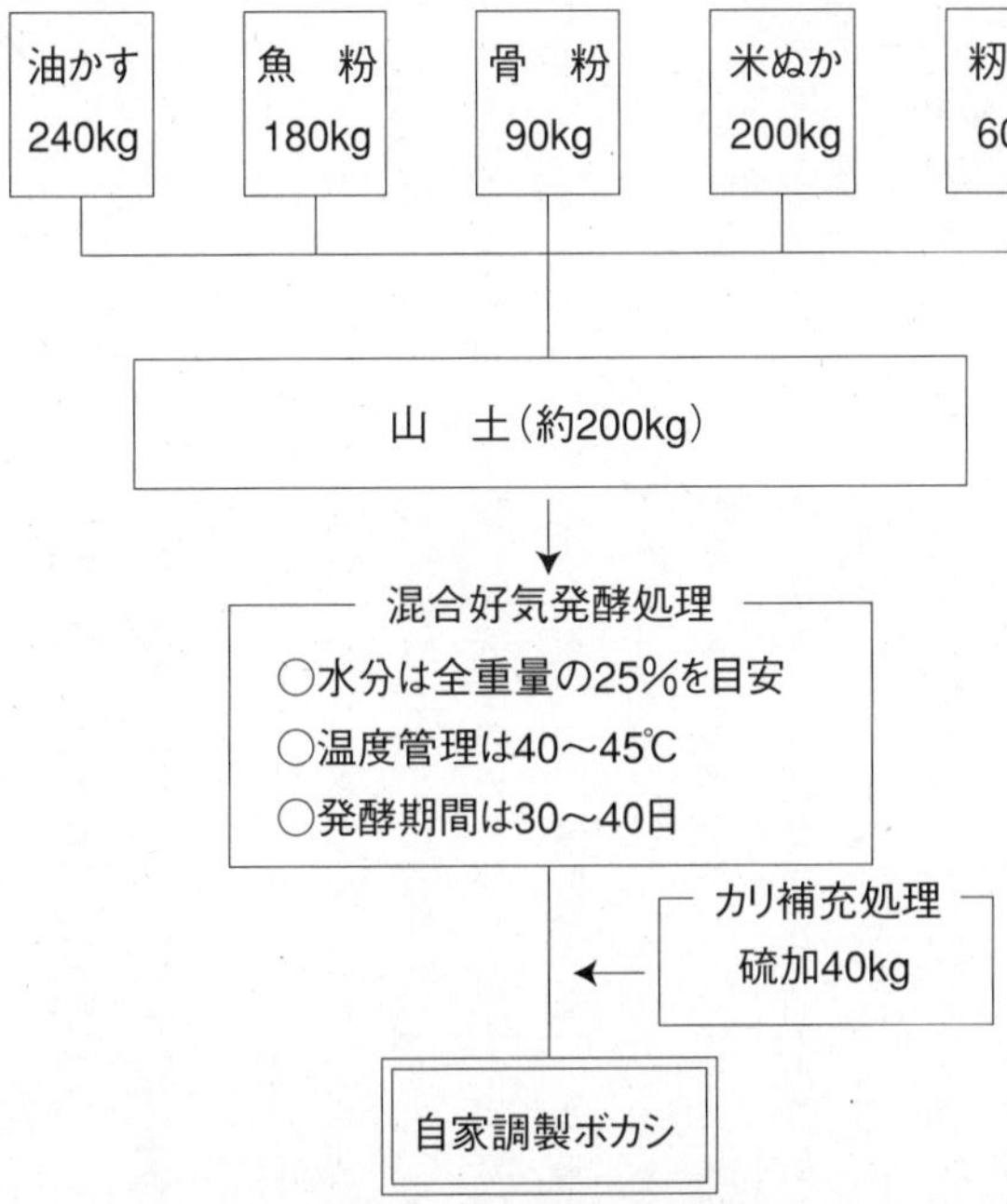

ボカシ肥料の自家調製法

（橋本崇「土壌施肥編」第7-1巻より）

窒素はガス化して逃げやすい

ボカシづくりの失敗例として、「焼けボカシ」がよくあげられるが、これは空気中に窒素が飛散してしまったものである。発酵の過程で、塩類やリン酸はほとんど流亡しないが、窒素はガス化して飛散しやすい。

微生物の酵素によってたんぱく質が分解され、アンモニアが生じる。アンモニアの一部はガス化して飛散するが、残りは土に吸着され、微生物に利用される。なかでも、硝化菌類はアンモニアを酸化して、作物に吸収されやすい硝酸に変える。

時間がたつと、今度は脱窒菌が硝酸を還元して窒素ガスにするので、やはり空気中に逃げてしまう。そこで窒素をにがさないくふうが必要になる。

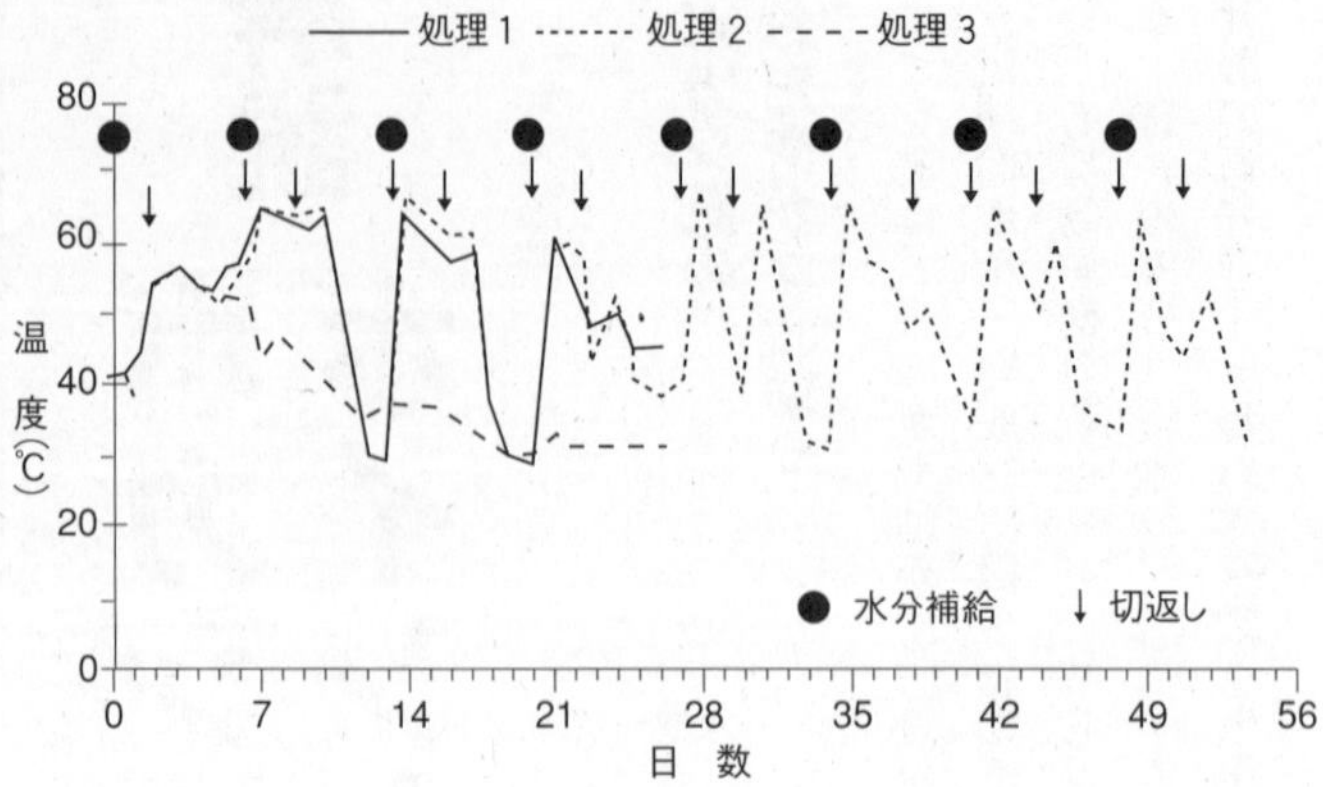

処理No.	熟成期間	水分補給
1	4週間	4回
2	8週間	8回
3	4週間	1回

熟成期間中の温度変化

良質のボカシ肥料を作成するためには、1週間ごとの水分補給を行なうことによって、熟成期間中の温度を40～60℃の間に保ち、熟成期間は4～8週間必要である。ただし、熟成期間を長くすると窒素含量や無機化率の低下、および資材の減量割合が大きくなるため、熟成期間は4週間程度が適当と思われる。なお、水分量を資材重量の20％以上にしたり、切返しをおこたったりすると嫌気的発酵を起こすため注意が必要　　　（山崎龍一　土壌施肥編　第7-1巻）

切返しと水分の補給で、高温をふせぐ、炭・粘土も有効

ボカシ肥の材料の中で、最初に分解されるのは、糖・でんぷん・たんぱく質など、微生物が分解しやすい有機物である。これらを好む、好気性のカビや細菌がまず繁殖する。

少し遅れて、難分解性のセルロース等の分解が始まる。セルロースを分解するときには、多くのエネルギーが出るので、温度が上昇する。セルロール分解菌は高温を好み、ほっておけば、七〇～八〇℃に達する。

硝化菌がもっとも活発に活動する温度は二〇～二五度なので、水をかけて切返し、温度を下げてやる（硝化菌は、五〇度でも最適時の三〇％程度は活動できることが報告されている）。脱窒菌も高温を好むので、やはり温度を高くしないことが重要である。

また、硝化菌が硝化反応を行なうには、比較的長い時間を要するので、その間にアンモニアガスが逃げやすい。そこで材料に粘土や炭を混ぜて、アンモニアを吸着させると効果が高い。

参考「農業技術大系土壌施肥編」第七―一巻　山崎龍一

捨てた伝統技術に宝がある
まんじゅう肥とつぼ肥

水口文夫

昔の米ぬか・種かすの使い方

スイカやマクワウリ、カボチャなどの糖度を高め風味をよくするために、発酵させた米ぬかの施用の効果が高いと、昔からいわれて、さかんに使用されてきた。

その米ぬかや種かすの使い方は、現在のようにそのまま土の上に全面散布して土と混合したり、有機配合肥料を直接畑に施用したりするというような方法ではない。篤農家といわれる人たちは、米ぬかや種かすを堆積発酵させたり、あるいは肥だめに米ぬかを入れて発酵腐熟させたり、水肥に変えてかけ肥として施用している。

米ぬかは、発酵させて使うことにより、有機物が分解されて、リン酸分の効きがよくなる。

また米ぬかは種かすと混合して発酵させることにより、分解が促進され作物に吸収されやすくなる。さらに種かすは草木灰を少量混合することにより分解が促進され肥効がよくなる。

発酵させた米ぬかを施用することによって、スイカやマクワウリなどの甘味が増すのは、一つとして、リン酸の肥効が大きく影響しているものと思われる。

投入量のわずか七％しか吸収されないリン酸

昨年のEさんのスイカの施肥量（表1）と昔のスイカの施肥量を比較して驚くことは、現代はリン酸の施肥量が昔に比べて、べらぼうもなく多くなっていることである。

これはEさん特殊な例というわけではなく、近年リン酸の施用量が非常に多くなっているようである。

普通、スイカを一t収穫するために吸収されるリン酸の量は〇・六kgとされている。Eさんは三・七四tのスイカを収穫しているから、二・二四四kgのリン酸が吸収されたと考えられる。ところが施肥したリン酸は三一・八kgであるから、吸収量の一四・二倍も投入していることになる。

もともと土壌中にあったリン酸もあるが、これを無視して計算すると、スイカに吸収されたリン酸の量は施肥したリン酸の量のわずか七％。きわめて肥料の利用率が低い。

なぜこのようにリン酸の吸収率が悪いのだろう。リン酸は、土壌中で鉄、カルシウム、アルミニウムと結合して作物に吸収されにくい形になってしまう。

さらに、石灰や重焼リン、リン酸を含む肥料を多量に散布するので、塩基のバランスがくずれ、リン酸も石灰も作物に吸収されにくくなっているものと考えられる。

表1　昨年のEさんのスイカの施肥量（10a当たり）と吸収率

肥料の種類	成分量％（窒素―リン酸―カリ）	施肥量	施肥法	施肥成分量		
				窒素	リン酸	カリ
苦土石灰	――	120kg	全面散布			
硫マグ	――	20kg	溝施用			
腐植リン	（0　―15.0―　0）	60kg	全面散布		9.0	
有機配合	（6.0―8.0―7.0）	160kg	溝施用	9.6	12.8	11.2
化成肥料	（10.0―10.0―10.0）	100kg	全面散布	10.0	10.0	10.0
計				19.6	31.8	21.2

●収量750玉　220ケース×17kg＝3740kg
●スイカ1トン収穫に必要な吸収成分量　窒素…2.1kg　リン酸…0.6kg　カリ…4.5kg
●スイカ3.75トンの吸収成分量　窒素…7.854kg　リン酸…2.244kg　カリ…16.83kg

●肥料吸収率　窒素…40.0％　リン酸…7.0％　カリ…79.3％

まんじゅう肥とつぼ肥

昔、甘くって大変おいしいマクワウリやスイカをつくっている人たちがいた。当時のスイカの糖度は一〇度位が普通であったが、この人たちは、十三度の糖度を出していた。

しかし、そのつくり方は秘密とされ、特別なつくり方を行ない、ベールに包まれて近よることができなかった。この頃は戦争直後の肥料不足時代で、化学肥料もきわめてとぼしい状況であった。その少ない肥料をうまく使いこなすために、いろいろな工夫がなされているが、この人たちは高価な過リン酸石灰をうまく使うために、まんじゅう肥といわれる施肥法を行なっていた。

水をたっぷりかけて切返した堆肥を、野球ボールの大きさににぎる。この丸めたまんじゅうを二つに割り、真中に過リン酸石灰を入れ、周囲をまた堆肥でくるむ。入れる量は、過リン酸石灰ひとにぎりで、まんじゅう二個分である。

皮の部分が堆肥で、あんこの部分に過リン酸石灰を入れるので、ちょうどまんじゅうのようになる。そこでこれを「まんじゅう肥」と呼んでいた。

このまんじゅう肥をスイカの鞍（直まきの場合は種をまくところ、移植の場合は苗を植えるところ）に元肥として二個ずつ施用する。

スイカのつるが伸びるにしたがって、株元からだんだん離れてゆくが、土寄せを三〜四回行なう。

うね幅三・六mの場合、最初のベッド幅は一・二m位であるが、この

表2　昔のスイカの施肥量と吸収率

肥料の種類	成分量%（窒素—リン酸—カリ）	施肥量	施肥法	施肥成分量		
				窒素	リン酸	カリ
下　肥	（0.5—0.1—0.2）	1,000kg	溝施肥	5.0	1.0	2.0
硫　安	（20.0—0—0）	25kg	〃	5.0		
過　石	（0—16.0—0）	18kg	まんじゅう施肥		2.88	
米ぬか	（1.7—3.3—1.2）	60kg	溝施肥	1.02	1.98	0.72
種かす	（5.2—2.3—1.2）	30kg	〃	1.56	0.69	0.36
草木灰	（0—0—7.0）	225kg	〃			15.75
計				12.58	6.55	18.83

●収量　3920kg
●スイカ3.92トンの吸収成分量　窒素…8.232kg　リン酸…2.352kg　カリ…17.64kg

●肥料吸収率　窒素…65.4%　リン酸…35.9%　カリ…93.7%

最初につくったうね幅いっぱいにつるが伸びた頃に、一株あたりまんじゅう肥を一個と、つぼ肥を施用して六〇〜一二〇cm土寄せする。

土寄せした上に麦わらを敷く。この上につるがいっぱいに伸びると、つぼ肥を施して六〇〜七〇cm土寄せする。

つぼ肥というのは、米ぬかや種かすにわずかな草灰（雑草やわらのみを灰にしたもの）を混ぜ発酵腐熟させたものを、ピンポン玉位の大きさに丸めたものである。

使い方は、土寄せすると溝ができるが、その溝に下肥を施してから、三〇〜五〇cm間隔に一個の割合で点々と施用する。施用後は直ちに覆土する。

昔は五倍以上もリン酸が効いていた

表2は、このような施肥のやり方をしていた人たちの実際例であるが、スイカの収穫量から、吸収成分量を算出すると、窒素八・二三kg、リン酸二・三五kg、カリ一七・六四kgとなる。

実際の施肥成分量は窒素一二・五八kg、リン酸六・五三kg、カリ一八・八三kgだ。天然供給量を無視して吸収率を計算すると、窒素六五・四%、リン酸三五・九%、カリ九三・七%となる。

とくに、リン酸の吸収率はEさんの七%に対して三五・九%だから昔は五倍以上もリン酸が効いていた。

もちろん、土壌中からの天然供給量やわずかではあるが流亡量もあるので、こんな単純計算どおりにはゆかないが、それにしても、現在の施肥法は、作物に利用される量が施肥量に比べて低すぎるようである。

まんじゅう肥やつぼ肥がよく効くわけ

それでは、どうしてまんじゅう肥やつぼ肥にすると、肥料分が作物によく吸収されるのであろうか？

リン酸は、土壌や施肥資材の中にある鉄やアルミニウムなどと結合して難溶性となる。そこで、リン酸がこれらの物質と直接接触しないように堆肥でくるんでいたのである。

米ぬかや種かすも、まず発酵させて肥効をよくする。加えて、団子状にすることで、金属との接触を少なくしていたのである。

（愛知県豊橋市・実際家・元愛知県農業改良普及員）

一九九一年五月号　まんじゅう肥えとつぼ肥え

佐久間さんの生ゴミ液肥

ところで！
私のとっておきの生ゴミ液肥の取り方をご紹介します
学校からもらった残飯は、前頁みたいにすぐ堆肥に積んじゃうけど、家庭の生ゴミは、台所の三角コーナーがいっぱいになると、このバケツに。入れるたびに、米ぬかでつくったEMボカシをひとつかみ
EM菌での生ゴミ処理として全国に広まってますよネ
コック付きの水切りバケツ
10ℓ入るサイズがホームセンターで5000円ぐらい
密閉する
10ℓ
ヌカ漬のいいにおい
真夏でも一週間くらいなら全然くさくなりません！
これも人気の理由ですね
生ゴミはほとんど形は変わりません
私は40倍にうすめて、ジョロでナガイモやニンジンの生え際にかけています
10ℓのバケツがいっぱいになるころには1.5ℓのペットボトル1本半くらいの液肥がとれます
化成肥料でつくるよりギュッとしまって、とてもおいしくできました。

福島県　佐久間いつ子さん　絵・高橋しんじ

参考文献「家庭でつくる生ごみ堆肥」藤原俊六郎　監修　￥1400農文協

これは密閉された酸素のない所でおきる嫌気性発酵で主に乳酸菌の働きです
米ヌカには乳酸菌がたっぷりいるので、米ヌカをやれば市販の微生物資材なしでもうまくいくこともあります。
酸素がなくても元気な乳酸菌糖を分解して乳酸をつくるのヨ
乳酸菌
乳酸
乳酸でpHが下がるので他の細菌が活動できなくなる。中和作用でアンモニアガスも発生しない
生ゴミは軟化して水分を出す
まだ未熟な栄養がたくさん残っていて、このまま畑の土の中に入れると根に障害が出るので
必ず好気性発酵させて使います
注意!!
二週間以上おくと酪酸発酵が始まり、ドブ臭が発生する
悪臭!
悪臭!
酪酸菌
乳酸菌は途中で活動をやめてしまう

2002年10月号　生ゴミで極上の堆肥をつくろう

ぶきっちょフーコの無農薬イネつくりに挑戦!!

残りものでボカシ肥づくり

文 フーコ
絵 キンタ

米ヌカ+糖蜜ならいちばん。
でも なければトロ～リとした
梅ジュースなど糖分ならなんでもO.K。
ヌカ床
（おけに2/3くらい）

冬にボカシ肥を仕込みそこなったとき、田植え後、インスタントでつくってみた。米ぬかをベースに、手元にある使いかけの肥料をみ～んなブレンド。週末ごとに発酵の進み具合をチェック、よーくかき混ぜておいたら、ホカホカといいニオイ。まずまずの出来ばえで田んぼの追肥に間に合った！うまくいったのは、トロ～リとした梅ジュース入りの〝ぬか床〟を混ぜこんだからかも。これも前の年の残りものでした！

本名　横田不二子
東京生まれ。フリーライター。週末に茨城でイネつくりを始めて10年目。五畝を手植え、疎植、無農薬で栽培している。

2001年７月号　ぶきっちょフーコの無農薬イネつくりに挑戦

風が吹けば桶屋がもうかる…みたいに、生命はつながっている

編集部

植物は何のために果実をつける？

酵母は酸素がたくさんあるところでは、酸素呼吸をしている。その状態では、くっついている植物にたいして、たいした影響を与えているとは思えない。

ところが、酸素が少ない環境では、糖を分解してアルコールと二酸化炭素をつくる。アルコール発酵だ。植物のからだで、糖が多く酸素が少ないところといえば、果実の中だ。だから果実は、熟すとたちまちアルコール発酵をはじめる。

いったい何のために植物は、酵母が好む環境を、果実のまわりにつくるのだろうか…。

アルコールは揮発性が高い。さらに、アルコールと酸が結合して、強いにおいの成分であるエステルができる。植物はこのにおいで鳥や昆虫を果実に集めているのではないか？

鳥類は果実を好んで食べるが、歯がないので、硬いカラにつつまれた種子まで消化することはできない。果肉だけたべて、種子は遠くに運ぶ。

昆虫のほうはどうだろう。昆虫もまず果肉を食べる。しかし、種子はそのまま地面に落とすだけで、遠くへ運ぶわけではない。また、虫の中には硬い種子まで食べてしまうものもいる。花が昆虫を引き寄せるのは、花粉を運んで

自然は、人間が想像するよりは、はるかに複雑でうまくできていると再認識させられた。

ちまたでは天然酵母ブーム

では、酵母についてはどうだろう？

ちまたでは今、天然酵母がブームで、葡萄や桃から酵母をとって楽しんでいる人がたくさんいるらしい（そういえばカスピ海ヨーグルトもずいぶんはやったな）。自分がとった酵母で、酒や酢、パンをつくる。そういうわが家でも、山葡萄からとった酵母の種が冷蔵庫にはいっている。

酵母は、果実の表面にたくさん生息していて、広口のびんに果物と水を入れておけば、発酵してブクブクと泡がでてくる。ときどきかき混ぜてやれば、簡単に酵母の種をつくることができる。

汗をかくとすっぱくなるのは健康な証拠？

ぬか漬け名人、針塚藤重さんによると、人や植物のからだの表面には、乳酸菌がたくさん生息しているのだという。

いわれてみれば確かに、汗をたくさんかいたあと、そのままでいると、すっぱいにおいがしてくるな…。

乳酸は強い酸で、抗菌力がある。乳酸菌は、宿主を病原菌から守っているのかもしれない。私などはすぐに「すっぱく」なる体質で昔から困っていたのだが、すっぱくなるほうがむしろ健康なのか？

動植物の側から見れば、乳酸菌の好みをよくわかっていて、乳酸菌が生息しやすい環境を、からだの表面につくっているということだ。高等生物は進化のどこかで、乳酸菌との共生関係をとりむすんだのだろう。

もらうためということは小学生でも知っているが、いったい何のために植物は、果実に昆虫をひきよせるのだろうか…。

飛翔動物はリン酸を循環させる

にわかに、家にある動植物図鑑やインターネットで調べ始める。

植物の養分の主なものは、窒素、リン酸、カリウム、マグネシウム、カルシウム…。この中で、カリウム、マグネシウム、カルシウムは地殻の岩石中に多く含まれている。

窒素は、大気中にふんだんにあるのだが、窒素分子は結合が強いため、植物はそのままでは利用できない。そこで植物は、窒素分子をアンモニアにかえる微生物と共生している（根粒菌や窒素固定菌）。

残りはリン酸だ。リンは生物にとって必須の元素なのに、地殻中にそんなに多くは存在しない。雨によって、いったん土中から失われると補給することがむずかしい。たとえば日本の農業は、リン酸肥料をすべて海外からの輸入にたよっている。原料のリン鉱石は、鳥やコウモリの糞が何万年も堆積してできたものだ。

なぜ鳥やコウモリの糞に、リン酸が豊富なのかというと、彼らが「飛ぶ」からだ。「飛ぶ」という行為は大きなエネルギーを必要とするので、飛翔生物は多くのＡＴＰ（アデノシン三リン酸）を生成する。鳥や昆虫は、からだの中にリン酸をためこみ、地球上にリン酸を循環させるという重要な役割をはたしている。

植物は昆虫や鳥たちと一緒に進化してきた

原始の地球上に植物が出現したのは、約四・五億年前。そして、海に住んでいた昆虫の先祖は、植物のあとを追うように約四・三億年前に地上に上陸した。

三億年前の石炭紀になると、植物は本格的に地上に進出し、シダの大森林ができた。これが、石炭や石油のもとになっている。また石炭紀は、巨大な昆虫類が大繁栄した時期でもある。

さらに、植物は石炭紀に「種子」を獲得し、裸子植物が内陸の奥深くまで進出を始める。もちろん昆虫も一緒である。

一方、鳥類が出現したのは二・二億年前と考えられている。被子植物が出現するのが、一・四億年前。この頃は、恐竜が地上を闊歩している時期で、本格的に鳥類、被子植物が繁栄しはじめるのは、六五〇〇万年前の新生代にはいってからである。

生物進化の年表をながめていると、植物、昆虫、鳥類は、常に同じ時期に地上に進出していったことがよくわかる。

教科書にはよく、エネルギーの第一次生産者は植物など光合成をする生物で、それ以外の生物はこれに依存しているかのように書かれている。特に農業では、昆虫や鳥はまったくの「有害」あつかいだ。しかしそれは昆虫や鳥に対してまったく不当な話だ。

植物は、昆虫や鳥類と共生したからこそ、岩石だらけの地上に進出できたのである。

生命のサイクル

最初の疑問である酵母に話をもどすと、酵母は菌糸がないので細菌のように見えるが、じつはキノコやカビと同じ菌類に属する。だから、被子植物と同じで、生物進化の終わりのほうにあらわれている。時間的にも、被子植物と酵母との間には、強いつながりが感じられる。

何億年もの生物の進化をふりかえってみると、植物・微生物・動物たちが織りなす、こんな命のサイクルが描ける。

植物が果実をつける→果実に酵母がすみつく→アルコール発酵→においに鳥や昆虫があつまる→鳥や昆虫がリン酸を地面に落とす→植物が育つ→（最初にもどる）

あくまでも仮説だが、ムダなものなど何一つない自然界のことだから、じゅうぶんにありそうな話だと思うのだが…。

あっちの話こっちの話

米ぬかふれば甘ーいタマネギ、大きなハクサイ
ミネラル豊富、捨てるなんてもったいない

羽渕泰子

ここ福岡県浮羽町には、地域の女性たちがあつまる「つちの里」グループがあり、おいしくて安心な野菜や果物つくりに精を出しています。

カキやモモ、自家用野菜をつくる筒井幸子さんもそのメンバーの一人。

幸子さんは人から話を聞いたり自分で考えたりと、とても勉強熱心で、畑でいろいろな工夫をしています。定年退職したばかりのご主人にとっては、農業の先生でもあります。

そんな幸子さんに、工夫の一つを教えていただきました。

それは米ぬかの利用です。田んぼに入れるとおいしい米がとれるともいわれますが、幸子さんは、タマネギやハクサイの植付けのときに土にふってやります。すると甘みのあるタマネギや大きなハクサイができるそうです。

一九九六年三月号　あっちの話こっちの話

「株元にぬか床パラパラ」で甘〜いミニトマト

依田賢吾

和歌山県下津町の馬場喜代美さんは去年、ミニトマトの株元に用済みのぬか床をまいてみました。「海水をかけたトマトが甘くなる」とテレビで見てから、ひょっとしたら塩の入ったぬか床でも効果があるかもしれないと思ったからです。

予想は的中。収穫の始まったミニトマトの株元に、一〜二回パラパラとぬか床をまいただけですが、夏の間はもちろん、秋になっても甘くておいしいと評判でした。

「ぬか床には塩だけじゃなくて米ぬかも入っているから、ダブルの効果で甘くなったのかなあ」と喜代美さん。

ぬか床のほかに、梅干を漬けたあとの残り塩も、適度に水で溶いて同じようにまいているんだそうです。

二〇〇四年五月号　あっちの話こっちの話

PartⅢ 畑の土を肥やす

米ぬかで土ごと発酵

左は普通の畑、右は米ぬか表面施用の畑の土。右のほうが黒っぽく、団粒化している
（撮影　倉持正実）

米ぬかの表層散布で土ごと発酵

米ぬかボカシのおかげでニラの株間にも草が生えにくい。土がモコモコなので、草が生えてもすぐ抜ける　（撮影　倉持正実）

宮城・石井稔さん

石井さんはニラを刈ったらすぐに上から米ぬかボカシをまく。土着菌で米ぬかを発酵させただけのもの。肥料はこれだけ。なんと無農薬　（撮影　倉持正実）

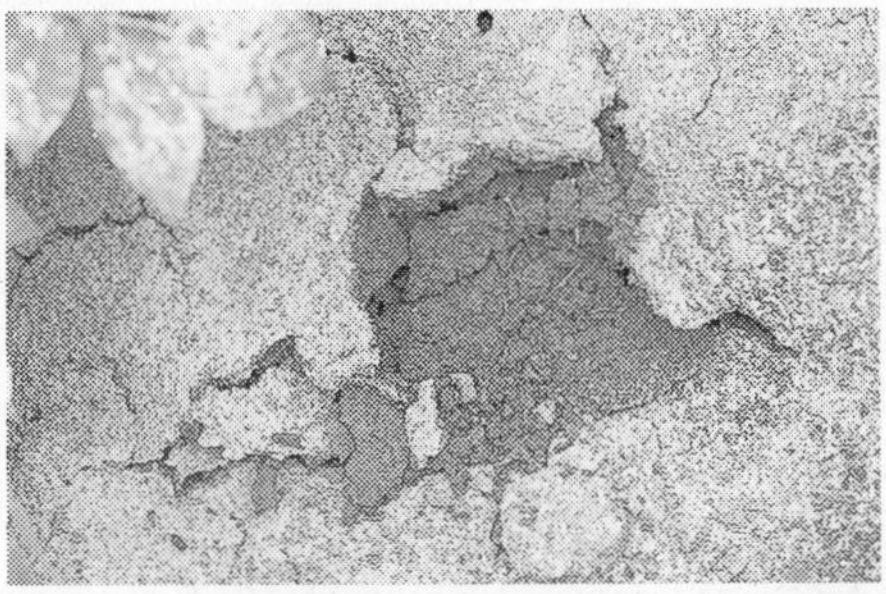

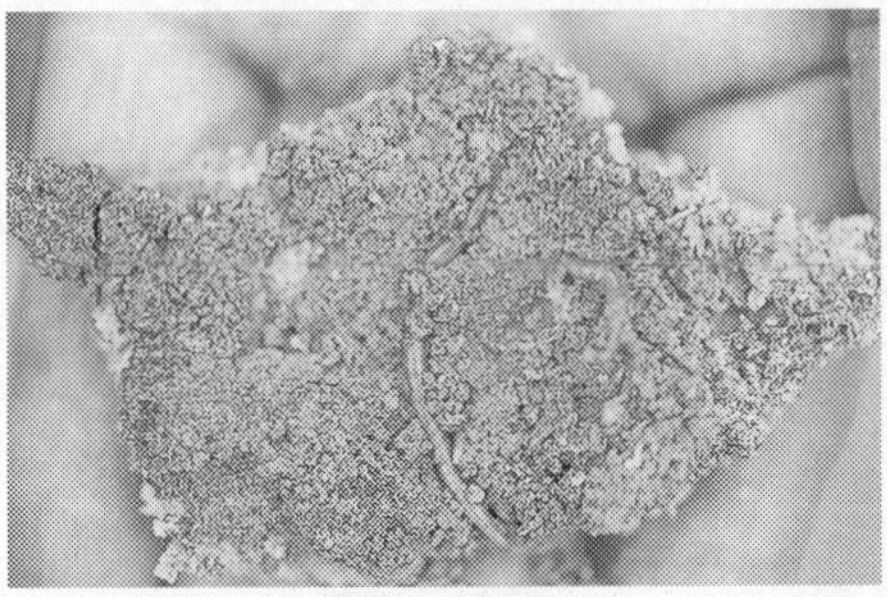

しばらくすると土の表面がしまって硬くなり、その下に根がよく張り出す（上）。表面の土を取り除くと土塊の裏にはミミズが。団粒構造も発達してくる（下）
（撮影　赤松富仁）

全面に米ぬかをまく（6月中旬）　（撮影　赤松富仁）

福島・薄上秀男さん

神奈川・長田操さん

ナギナタガヤと米ぬかのセットで紋羽病に対抗！米ぬかは板状になり、その下に微生物が増殖　（撮影　赤松富仁）

米ぬかを根元にたっぷり2～3cmの厚さで散布。季節、回数は問わず、米ぬかが手に入り次第。１年で細根が出始め、2～3年で元気回復
（撮影　赤松富仁）

米ぬか＋おから、そして雑草を生かす

白柳　剛

米ぬか＋おからをうね間に追肥する筆者。本業は税理士で20年以上、愛知県豊橋市や渥美半島の専業農家の経営相談にのってきた。「しかし、近頃の作物の味が落ちてきたとか、関与先の農家一軒一軒の経営に昔以上に差が開き、こんなことでは今後の農業経営は大丈夫だろうか……」と感じていた。また、自分でも料理するので、良い食材をえるために、８年くらい前から独自の農法を研究してきた。当初は家庭菜園レベルで実験していたが、現在は仲間と一緒に「育土会」という会をつくって周囲の農家にも広めている

（撮影　赤松富仁　以下※）

米ぬか・おから・雑草だけで、完全無農薬・無化学肥料

「そんなうまい話があるか」と言われそうですが、実際にあるのです。米ぬか・おから・雑草だけで、完全無農薬・無化学肥料で本当に美味しくて日もちする抗酸化力の強い作物が収穫できています。

作物は本来、作物だけで育つのではなく、葉面・根圏微生物と共生して、初めて強く成長ができるのです。善玉菌と悪玉菌は、いつも綱引き状態で、悪玉菌が勝つと病気になり、善玉菌が勝つと病気を抑えます。

ところが農薬は、両者とも殺してしまいます。農薬を散布するとかえって病気にかかりやすくなったり、害虫におかされやすくなったりします。表面のワックス層、クチクラ層を傷めると、作物は自分自身を守れなくなってしまうのです。

雑草には五つの働き積極的に生やす

「上農は草を見ずして草を抜く、中農は草を見て草を抜く、下農は草を見て草を抜かず」と、昔から雑草は農業の敵とされてきました。

しかし、この農法では積極的に草を生やします。私は、草には次の五つの働きがあると

株元にもびっしり米ぬか＋おから。これは作物の葉面や根圏に生息する微生物のエサになる。葉面微生物は病原菌の繁殖を抑えたり、根圏微生物は難溶性の肥料成分を作物が吸収できる可給態にしたりしている。こうして葉面・根圏微生物は作物を守り、代わりに作物は自分の作り出した栄養分の10～20％を彼らに分け与えている。まさに共生関係である（※）

邪魔になる草だけを刈る

作物と雑草の戦いはただ一つ。太陽の光の奪い合いです。よく、栄養分の奪い合いのことをいわれますが、これはまったくうそだと思います。

そこで雑草は、作物の高さ以上にならない場合はそのまま生やしておきます。大きくなりすぎる草は、刈り取ってうね間に放置。気になる場合は、その上から米ぬかなどをまいておきます。

夏作は草がどんどん大きくなるので、うね間をモアー（草刈機）で刈り取り、株元の草は手で引き抜きます。その場合でも圃場全体を一気にやらず、天敵の生活の場・繁殖の場を常に確保してあげます。

雑草は、作物の丈より伸びなければ刈らないので、丈の低い作物の場合は刈り取り間隔が短くなりますが、それでも四〇cm～五〇cm伸びてから刈るようにしています。果菜類などは、収穫が始まったら、通気性を良くするために株元だけは多少抜き取ります。

耕うんはしない、上から菌が耕してくれる

土壌改良は、米ぬかに付着している微生物

考えています。

①天敵のすみか、繁殖の場

雑草を抜いてしまうと、天敵が困ります。

②水分保持効果

干ばつ続きの年でも、かん水はほとんど不要。雑草自体が水を保つとともに、日光をさえぎって土壌からの過度の蒸散を防ぎます。

③次作の肥料に

雑草は、いわば、太陽エネルギーで土中や空気中の栄養分を集め、固定化した存在。いい肥料となります。

④根圏微生物の多様化

いろいろな雑草が生えることで、多様な根圏微生物が生息。土壌の微生物相が豊かになります。連作障害や病気とも無縁に。

⑤団粒構造を促進

生のまま放置することで、微生物やミミズなど小動物のえさに。結果として、透水性・保水性・保肥力のいい、団粒構造の土ができます。

や土着の微生物、おから、雑草、作物残さ等によって行なわれます。ここで大切なことは、米ぬかに付着している善玉菌を、応援団として常に送り込んであげることです。

耕うんも、基本的にはしません。しかし、作物残さの処理や作業の都合上、耨耕（じょくこう：表面を引っかく程度に耕す）くらいはすることがあります。酸素の好きな微生物は上層に、酸素の嫌いな微生物は下層にと、せっかく自然に繁殖しているのに、深耕するとその微生物層が壊れてしまいます。さらに、水みちや空気道をつぶしてしまいます。

「微生物活用農法」は、自然・生態系の上に成り立っています。作物は、決して弱い存在ではなく、時には雑草より強いとさえ思えます。最初に害虫が出現したら「あっ、天敵のエサが出てきたな」と私は考えます。そのまま放置しておくと天敵が増えて来て、自然と害虫は減っていきます。自然界には一人勝ちはありえません。なのに、そこであわてて農薬を散布すると、天敵を殺したりして、かえって害虫がふえたりしてしまうのです。

一年目の畑――米ぬか三〇〇kgを全面散布

育土会には、この農法に切り替えて一年目の畑（約一〇a）があるので、そこでの実践を通して微生物活用農法を説明していきます。

最初は、米ぬか三〇〇kgくらいを全面にまいて、トラクタで乗り込み、雑草をすき込むことから始めました。すき込むといっても、正確には「土とかき混ぜる」程度の耨耕です。せいぜい一〇cm程度の耕うんを行ないました。

雑草の中で育つ無農薬ミニトマト。雑草は、作物が飲み込まれない限り、抜き取ったり刈り取ったりしないことが大切

うね立てして野菜を混植

次に、刈り取った前作の残さや雑草が落ち着いてから、うね立て機でうねを作りました。

夏作か冬作かでうね間は変えます。夏作では、もうもうと繁った雑草をモアーで刈ることも多いので、機械が通れる幅以上に広くします。冬作では雑草があまり生えないので、やや狭くても大丈夫。

株元を掘ってみると、ミミズが大量に出てきた土は団粒化している感じ
モグラの穴もあった（※）

うね立てをしたら、すぐに作付け。前作の作物残さや雑草の、葉・茎・根っこが露出していても大丈夫です。葉物作物は、草に負けないよう密植しました。

ちなみに、育土会は混作混植を常としています。作目が多いと、それだけ作物ごとにつく根圏・葉面微生物が違うので、連作障害を防ぐのに役立つとともに、土壌の微生物相の単純化を防ぎます。

三週間に一度、米ぬか＋おから追肥

作付け後はすぐに、まいたタネのまわり、植えた苗の株元に、ひとつかみくらい米ぬかをまきました。苗の場合は葉に米ぬかがかかるように、上からもまきます。

それからは、成長するにしたがって米ぬか＋おからを、株元を中心にどんどん追肥。基本的には土中に埋め込みません。不都合がなければ積極的に葉にかかるようにまいていきます。

おからは微生物のエサであると同時に、肥料分としての意味もあります。おからをまくと腐るのでは？という人もいますが、私の経験では腐ったことはありません。おからは水分が多いので、米ぬかと混ぜることで六〇～六五％くらいの水分（握って開いてつつくと多少割れる程度）に調整しておけば、まず問題はありません。混ぜる量の基本はおからと米ぬか一対一ですが、おからの水分が多いときは一対一・五になることもあり得ます。

　混ぜて二時間もすると発酵して、おからが熱くなってくるのがわかります。少し発酵が始まってからまいてもいいですし、混ぜてすぐに畑にまいても問題はありません。

　あとはどんどん収穫です。そして、追肥の米ぬか＋おからの繰り返しです。ひまなときにまくという感じですが、三週間に一回くらい、キュウリやトマト一〇〇本当たり米袋五袋分くらいの「米ぬか＋おから」をまいています。今までの経験では、それ以外何もいりません。

日もち抜群の野菜

　微生物活用農法では、本当に美味しくて、栄養価が高くて、抗酸化力が強く、そして日もちする作物が収穫できます。多かん水・多肥料ではまずくて日もちのしない野菜がしかできません。育土会は収穫した野菜を「育土創健野菜」と名付けおすそわけの気持ちで出荷しています。

　微生物活用農法はトータルな農法です。一部分だけを取り出してまねるのではなく、理論を大事に実践してください。もちろん、どこでも指導に出かけます。

（愛知県豊橋市中郷町五六番地　白柳経営会計事務所）

二〇〇三年十月号　米ぬか＋おから、そして雑草があれば、それでいい

慣行農法とは樹の様子がまったく違い、葉が厚く若草色で、節間が短く、葉柄がピンと立ち、わき芽がどんどん出る。葉色は濃くなく樹勢は貧相だが、生殖能力は高く、大きな花がたくさんつき果実は本当にたくさんなる。なお作物が丈夫に育つため、耐寒性も強くどの作物も遅くまで収穫できている（※）

米ぬかをライムソワーで畑にふる。本当は秋にすませたいが仕事が間に合わず、このように雪中散布となった。1年間に使う米ぬかは15kg袋で1000袋ほど。本来は雪の降る前に肥料をすべて畑の表層にすき込んでしまいたいのだが…　（撮影　赤松富仁以下＊）

北海道訓子府町　中西康二さん

深耕をやめて冬季に米ぬか散布

野菜の食味アップ、肥料代七割減

文・赤松富仁

北海道訓子府町の中西康二さんは、一五haの畑作農家。ジャガイモ、ゴボウ、ニンジン、ナガイモ、カボチャ、ニンニク、コムギなどを栽培している。

一〇年ほど前に、北海道で一般的に行なわれているプラウ耕をやめて、米ぬかなど有機質肥料を上からまくやり方にかえた…。

深耕すると畑の土がどぶ臭くなる　プラウをやめ有機質肥料を直接まく

従来は、普通の農家と同じように収穫が終わると晩秋にプラウで畑を起こし、残渣を地中深く入れていた。しかし、はたしてこれで土作りができているのだろうか？と感じたのだ。

「親父の時代、牛や馬に引かせたプラウ耕は劇的な良さがあった。考えてみると、そのころのプラウ耕はせいぜい一五cmの天地返しをするのがやっとだったが、現在の大型プラウは五〇cm以上耕すことができる。乾燥不足の残渣が土の中に深く入るので、腐敗して畑の土がドブ臭くなる」

そこで、部分的にプラウをかけないで作付けをしてみたが、収穫に差はなかった。

「土は森林のホクホクした土壌と同じで、表面から作っていくのが基本ではないか」

　プラウ耕をやめるのと同時に、収穫後の畑に、ボカシの材料を直接畑にふるようにした。それまで市販の菌を使ったボカシ作りに挑戦していたのだが、なかなか良質のボカシを作ることができなかったためだ。

　収穫したあとの残渣をロータリで浅くすき込むだけなので、地表面に野菜の葉っぱや茎がいっぱい出ている。仲間から、

「おまえ、これで種をまくのかよー」

と言われるが、中西さんのねらいは、「有機物を、地表面の好気的な環境で発酵させる」ということなのだ。

　このあたりは、厳寒期にはマイナス三〇度にまで温度が下がり、凍土が三〇㎝ほどできる。春に凍土が解けると今度は急激に水分が蒸発して、土が過乾燥になる。そのため、春に有機質肥料をふってもなかなか分解が進ま

中西さんと雪の下に現れた土着菌の菌糸。積雪10cmの時に米ぬかを散布した（*）

中西さんの施肥のやり方

収穫後	作物の残渣をストローチョッパーで刈り、2～3日天日に干して、ある程度水分を抜いてから浅くロータリ耕ですき込む
堆肥投入	その上から反当2～3ｔの鶏糞堆肥（一年もの）を投入。一年ものを使うのは、窒素の量をなるべく少なくしたいため
施肥	ナガイモ、ジャガイモの出荷の合間をぬって、米ぬか反当100kg、骨粉、菜種かす、大豆かすをそれぞれ別々に反当50kg投入
耕うん	余裕があればロータリ耕ですき込む、植え付け前に地表の米ぬかなどにロータリをかけて準備完了

ない。

そこで、秋のうちに肥料を投入しておいて、春に雪がとけ水分状態がちょうどよくなれば、いち早く微生物が動きだす。微生物の働きで温度が上がるせいか、化学肥料だけの畑と比べると、朝の畑に水蒸気が上がってくるのが三〇分も早くなる。

雪がとけだすと、米ぬかからのびた微生物の菌糸が膜状に発達し、マルチのように地表を覆う（*）

畑全体がカビで真っ白、肥料代は四分の一に

やりかたを変えた二、三年目から、畑の様子に変化があらわれてきた。冬を越して雪がとけだすころ、畑全体にカビが真っ白く生えるようになったのだ。そしてその頃から、肥料を減らしても作物が育つようになった。

一〇年近くたった現在では、窒素換算で反当二kgぐらいしか入っていない。肥料代は昔の四分の一にまで減らすことができた。

深耕しないことで肥料の流亡が減り、有機物を投入したことで、土壌微生物が増えたのではないか。結果として保肥力や地力が高まり、土の中の肥料部を作物が吸収しやすくなったのではないか…。

肥料が減ると今度は病害虫も少なくなり、化学農薬は年間で、反当二〇〇〇円以内ですむようになった。一一〇〇〇円という年もあり、本人もびっくりしたという（一般的には二万円／反）。

「人間の病気と一緒、病気がまん延して被害が見えてからでは薬の効果はうすい」という考えから、漢方農薬や忌避剤を予防的に使っている。こちらは、年

土ごと発酵している中西康二さんの畑は見事に養分が適正だった!

診断項目	pH (H_2O)	リン酸 mg/100g	石灰 mg/100g	カリ mg/100g	苦土 mg/100g
分析値	6.0	33	256	22	19
基準値	5.5〜6.0	10〜30	150〜300	15〜30	25〜45

土壌の種類：非火山性　土性：壌土

間で反当四〇〇〇〜五〇〇〇円ぐらいかける。

ニンニクの糖度四二度！

有機質肥料の表層施肥に変えてから八年目、作物が確実に変わってきた。

ゴボウはアクが少なくなり皮をむいても黒くならないし、糖度は一六度もある。ナガイモもアクで黒ずむことがなくなった。ニンニクは、二作めで糖度が三六度あり、昨年は四二度になった。あまりに糖度が高すぎて、産直のお客さんから、「切るとベタベタして困る」というクレームまでついたそうだ。

さらに、ジャガイモの節間が短くなり、コムギは倒伏しにくくなってきた。

化学肥料を減らし、土中ボカシをやるようになったら、ジャガイモの節間が短くなった（＊）

中西さんは朝晩必ず畑に立って、作物を観察する。「冷暖房付きのトラクターのキャビンの中から作物を見ているようではすべてが後手にまわってしまう。長靴をはいて、うねの中に入って作物と同じ高さで観察することがとても大事だ」という。

二〇〇〇年十月号　土は上からつくる！米ぬか雪面施用で肥料代四分の一！糖度四二度のニンニク

中西さんが契約を結んでいる相手先は、「関西よつば連絡会」「生活クラブ」といった共同購入組織に始まり、地元スーパー（学校給食向け）、自然食品店など数が多い。写真は劇団関係者に届けるジャガイモとタマネギ。一箱10kg1200円。箱の中にはコムギの穂などでつくった小さなドライフラワー（町内産）を毎年入れている

あっちの話こっちの話

マルチのバタつき防止に植え穴米ぬか！除草にもなる

住吉大助

マルチのすき間から風が入り、マルチが部分的にはがれてしまうことはありませんか？　福岡県津屋崎町の井ノ口ツヤ子さんの畑では、風ではがれたマルチが野菜の上にかぶさって、野菜がやけてしまうことがよくあり、困っていました。

対策を考えたツヤ子さんは、マルチにあけた植え穴を何かでふさいでしまえば、風にあおられバタバタすることもないのでは?と、思いつき、タマネギ畑で試してみました。

タマネギの定植後、一～二週間ほど根づくのを待ってから、ちょうど捨て場に困っていた米ぬかを株元にまいて穴をふさいでみたのです。

これが大成功。米ぬかが雨や露にぬれ、のりのようになってマルチと土のすき間に入り込み、二つをくっつけてくれるのです。

さらにこうすると、マルチの穴に生える雑草も抑えられ、草取りの手間も減るそうです。おまけに、例年よりもひと回り大きなタマネギを収穫することができた、と大喜びのツヤ子さんでした。

二〇〇三年十一月号　あっちの話こっちの話

ただいまナシの不耕起栽培に挑戦中　雨が降ってもぬからない、冬もズック靴で作業できる

田口均

福島県中通り地方のAさんのナシ畑におじゃましてビックリ。ハコベやナズナが一面に繁っているのです。知らない人が見たら、畑を荒らしていると思うかもしれません。

ナシ畑というと、下草がきれいに刈り取られているのが普通ですが、Aさんは一年半前から全く耕起をしていないのです。生育中の根っこを切ってはだめ、というのがAさんの持論です。

それだけではありません。Aさんのナシ畑には、わらやもみがら、エノキかすが敷かれています。エノキかすは親戚のエノキダケ農家からゆずりうけたもの。おがくずと米ぬかが半分ずつ含まれていて、それを一年以上寝かせてから畑に入れています。

「米ぬかの窒素成分がナシに効くのではないか」とAさんは期待しています。雨が降っても土がぬからないので、SSがぬかるみにとられる心配もなくなったといいます。

いっしょに話してくれた奥さんからは、こんな話も聞けました。

「これまでだったら、冬場に長靴で作業していると、長靴の底から痛いように冷えてきたんだけど、今ではズック靴でやれるので随分ラクになった」

ナシにもよくて体もラクになる、わら・もみがら・エノキかすの混合マルチを組み合わせた不耕起栽培。どんなナシができるのか、とても楽しみです。

一九九二年七月号　あっちの話こっちの話

米ぬか・有機物の表層施用でナス不耕起栽培

高知県　中越敬一

米ぬか、ボカシ、山草やナスの茎、腐熟したもみがらなどにおおわれた不耕起うね。中葉から上の葉がスッと立ち力強さを感じるナスの樹。タネが表面に出ないためか、雑草もほとんど出ない（撮影　すべて赤松富仁）

土づくりの常識を疑う

私は根っからの百姓ではない。百姓になる以前は、都内のコンピュータメーカーでパソコンの仕事をしていた。

だからかどうかはわからないが、従来型の土づくりスタイルにこだわる理由がまったくなかった。

農業は一般に、経験がものをいう世界だと思われている。ある面それは真理ではある。しかしそれ故、「従来型のやり方以外では成り立たない、やれっこない」と思い込んでいるふしがありはしないだろうか？

しかし、自然というものは、人為的に手を加えなくても、ずっと合理的にできている。

不耕起栽培を通じ、自然の合理的かつ機能的な仕組みや、植物の生命力の強さを知ることになった。

全層施肥・耕うん・うね立てはなぜ？

私が不耕起栽培をしているのを見て、周囲

うね全体をおおう有機物を見せる中越敬一さん。もともとサラリーマンだったがゆえに、従来のやり方にはあまりとらわれなかったという

の農家は「そんないいかげんなやり方で、作ができるわけない」とよく言った。しかし、私にしてみれば、むしろ従来の栽培法が疑問だった。

最初の三年は、慣行の土づくりだった。まったく農業というものをやっていなかったので、基本といわれるやり方を実際にやってみるのは、ムダな経験ではなかった。

当地の一般的な栽培体系では、収穫終了後、うねを崩し、裁断した切り草やわらをトラクタで全層にすき込む。ハウスのビニールをはがし、収穫残渣は、病害虫対策としてハウス外に持ち出す。

定植の一カ月前ごろになると堆肥と元肥を全体にほどこし、トラクタで全層に混ぜ、土となじませていく。ハウスにビニールをはった後、土中の水分状態を見ながら、うねを立てる。乾燥予防、雑草対策、病害虫対策として、うねにポリマルチをはる。そのあとようやく定植。

うね立てはムダ、残渣持ち出しは肥料を捨てるのと同じ

私が従来の施肥に感じた疑問の一つは、作業効率の悪さ。もう一つは、肥料分のムダが多い点である。

収穫が終わったうねを崩し、また春にうねを立てなおすというのは時間のムダだ。当地では春先は雨の日も多く、ビニールをはってから定植までに時間的余裕がない。雨上がり後にビニールをはった場合、うね立てのために機械が入れるようになるには、しばらく乾燥させなくてはならない。加えてうねの成型や土寄せといった作業にかなりの日数がかかる。

私の場合、これらの作業に二週間〜一カ月も要していた。春先、田んぼを含め、多くの作業が重なるので、大きなロスであった。

肥料分のムダで大きいのは、収穫残渣の持ち出しだ。NPKの三大要素はもちろん、ミネラル分までもハウス外に捨てているのと同じだ。

また、耕うんによって土壌の微生物バランスがかく乱され、ミミズなど有益な虫たちが死んでしまう。ピクリンや臭化メチルなどを使うと、さらに悪いほうへ拍車をかける。

耕うんした畑のうねは、最初のころはよいが、かん水のたびに次第に固まり、物理性・化学性ともに悪くなっていく。手間をかけて悪い方向へ進むのではやりきれない。

不耕起によって問題を解決

いっぽう、私の不耕起栽培では、うねを崩さず、収穫残渣、山草、わら、堆肥をうねの上に広げる。そして、ボカシとともに表層発酵させる。

追肥は、米ぬか、過リン酸石灰、EMボカ

中越さんの土ごと発酵（うね連続利用）の手順

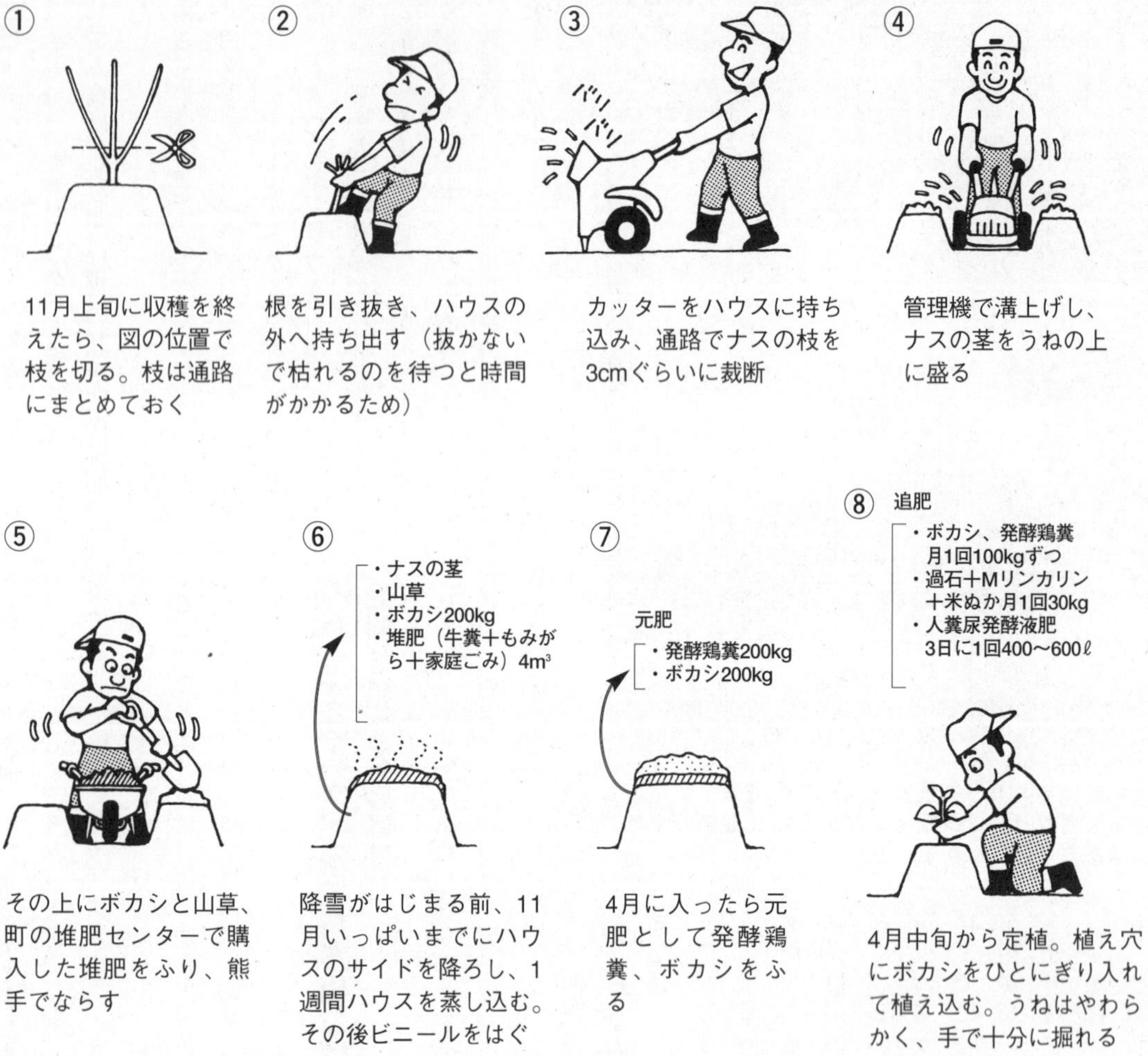
①
11月上旬に収穫を終えたら、図の位置で枝を切る。枝は通路にまとめておく
②
根を引き抜き、ハウスの外へ持ち出す（抜かないで枯れるのを待つと時間がかかるため）
③
バリ
バリ
カッターをハウスに持ち込み、通路でナスの枝を3cmぐらいに裁断
④
管理機で溝上げし、ナスの茎をうねの上に盛る
⑤
その上にボカシと山草、町の堆肥センターで購入した堆肥をふり、熊手でならす
⑥
・ナスの茎
・山草
・ボカシ200kg
・堆肥（牛糞＋もみがら＋家庭ごみ）4m³
降雪がはじまる前、11月いっぱいまでにハウスのサイドを降ろし、1週間ハウスを蒸し込む。その後ビニールをはぐ
⑦
元肥
・発酵鶏糞200kg
・ボカシ200kg
4月に入ったら元肥として発酵鶏糞、ボカシをふる
⑧
追肥
・ボカシ、発酵鶏糞 月1回100kgずつ
・過石＋Mリンカリン＋米ぬか月1回30kg
・人糞尿発酵液肥 3日に1回400～600ℓ
4月中旬から定植。植え穴にボカシをひとにぎり入れて植え込む。うねはやわらかく、手で十分に掘れる

シ、発酵鶏糞を毎月うねの上に重ねていく。ナスの葉っぱやわき芽もすべてうねの上に置いていく。ハウスで取れたものは、収穫果を除き、すべて土に戻している。

表層に堆積した有機物は、微生物によって発酵・分解される。表層は好気的な条件が保たれるので、有機物が腐敗してガスが発生するということがない。

そして、有機物の分解と土壌の団粒に大きな役割をはたすのがミミズだ。ロータリでかき混ぜないので、ミミズはうねの中で安心して暮らせる。エサとなる有機物は、いつも表層に豊富に堆積しているので、絶好の繁殖環境だ。

不耕起栽培の課題の一つは雑草対策だが、毎月堆肥とボカシを上からまくので、草はほとんど生えない。

お手本は、山々の木々だ。木々は落ち葉や枝を表層に堆積させ、生きものたちの働きによって発酵・分解される。そして、再び生命の循環が始まる。

ミネラルバランスを保てれば連作できる

私の畑では、連作一〇年を超えたが、いまだに大きな連作障害がでていない。単一品目を長く連作すると、その植物体の性質上、必要

うねに摘葉した葉っぱや果実を落としても、有機物マルチならすぐ発酵してくれる。白いのはボカシ

とするミネラル分にかたよりが出る。その度にそのかたよりを補えればよいが、生産の現場ではミネラルバランスまで考えた土壌分析は意外に行なわれていないように思う。

ミネラルバランスがくずれると拮抗作用によって、いくら肥料を投入しても作物に吸収されない状態になる。その結果、生育不良になったり、病気にかかりやすくなったりする。これが連作障害の原因の一つではないだろうか。

私はその解決策として、人糞尿を発酵処理した液肥を使っている。昔から下肥は重要な肥料として利用されてきた。しかし近代農法の普及とともに、化学肥料にその座を明け渡した。農家は先祖から伝えられてきた栽培技術を放棄し、対処療法しかできなくなってしまったように思う。

発酵液肥の作り方

糞尿発酵液肥の作り方は、意外に簡単だ。発酵の過程は、合併浄化槽と同じ仕組みだ。私はセメントのタンクローリーの廃車タンクを改造して利用している。

総容量一四tを三槽に区切ったタンクの一槽目に、人糞尿原液を入れる。ボウフラ用の殺虫剤を投入している人糞尿は使わない。シーズン初めだけ、人糞尿が一〇〇倍液になるようにEM活性液を投入し、においがなくな

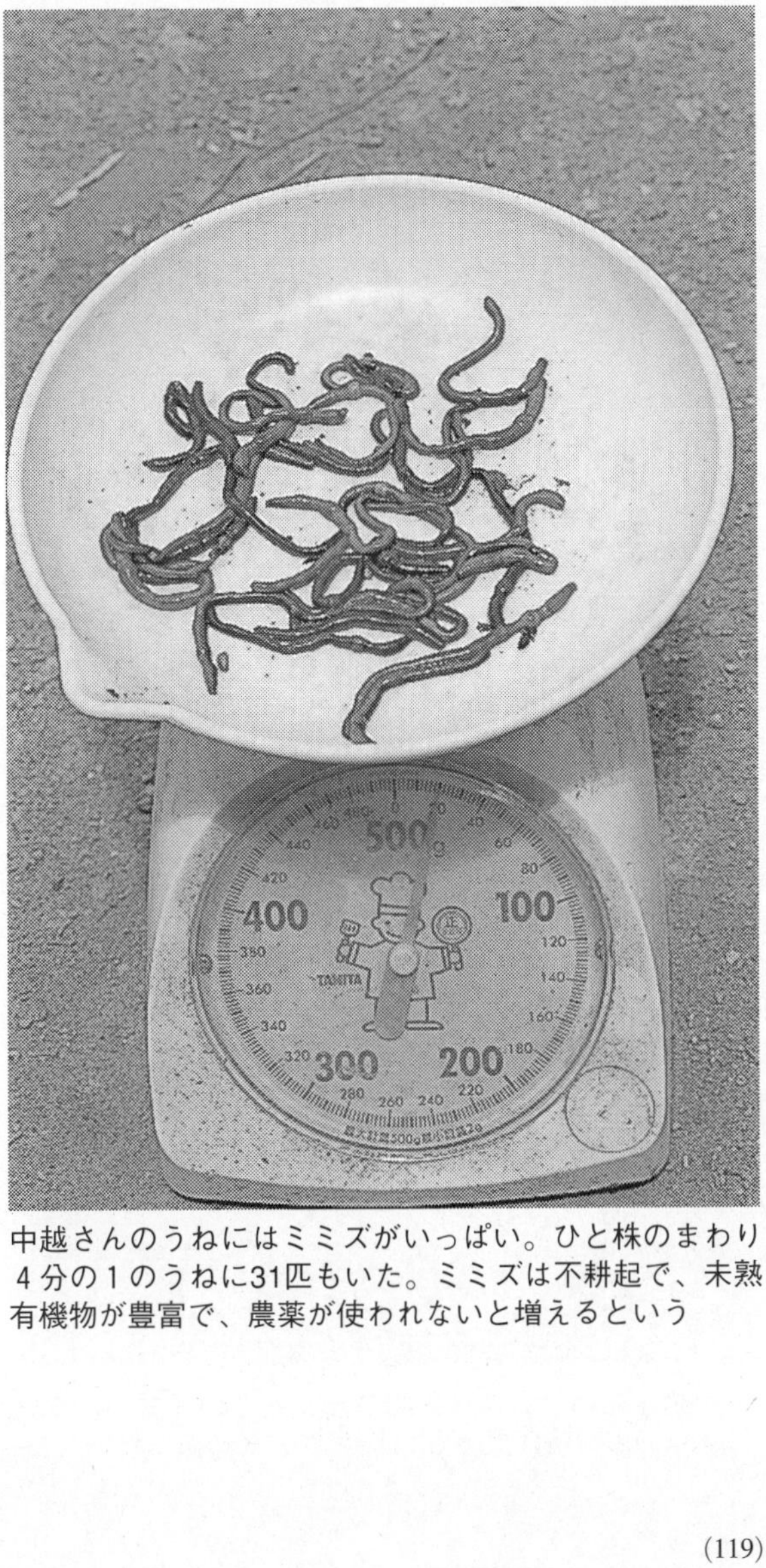

中越さんのうねにはミミズがいっぱい。ひと株のまわり4分の1のうねに31匹もいた。ミミズは不耕起で、未熟有機物が豊富で、農薬が使われないと増えるという

る状態にする。

　その後は、発酵槽に一回に入れる人糞尿の量は〇・五～一tで、人糞尿一に対し、四～五の割合で水を加える。一槽目が満杯になるとあふれて二槽目に流れ込み、三槽分が満杯になった時点で完成。かん水のときに、三槽目から必要量を取り出し水に混入して散布する。

　後は、菌密度を下げないように、週に一回程度の割合で、一槽の容量に対し一〇〇〇倍になるようにEM活性液をタンクに追加していく。ナスの生育の様子で、一槽目にミネラル補給のための天然にがりやEMボカシの抽出液を混ぜる場合もある。

リン酸が効いて着果性向上、収量も増加

　今の土づくりのスタイルになってから、リン酸分の吸収がよくなり、花芽の形成がスムーズに進むようになった。収量も増加傾向にある。また、土壌の水はけと水持ちがよくなり、天候の変化にも影響を受けにくい生育となっている。

　当園は、もともとマグネシウム欠乏傾向にあったため、にがりや海藻粉末等の補給をすることもあるが、おおむねミネラルのバランスはよいようだ。

　まだまだ、改良の余地はあるが、昔ながらのやり方に科学的な知見からのアプローチを加え、自然農法からも学んだスタイルが、省力化・低コスト化においても優れていると確信している。

（高知県高岡郡梼原町川井七一七〇）


二〇〇二年十月号、米ぬかボカシ＋人糞尿発酵液肥で米ナス増収

中越さんのハウス土壌の分析結果
（0～15cm）

pH（H_2O）	5.6
EC（mS/cm）	0.24
CEC（meq/100g）	24.7
アンモニア態窒素（mg/100g）	0.97
硝酸態窒素（〃）	6.32
有効態リン酸（〃）	265
石灰（〃）	395
苦土（〃）	67.6
カリ（〃）	128
塩基飽和度（%）	83
石灰飽和度（〃）	57.0
苦土飽和度（〃）	13.6
カリ飽和度（〃）	11.0

リン酸は多めだが、石灰・苦土・カリのバランスがよく、収量が上がるタイプ

中越さんの米ナスは果肉が詰まっていて重い。９個入りの出荷箱は標準で2.5kgだが、３kgあった

米ぬかボカシで土ごと発酵

露地ナスの農薬代三分の一

大分県緒方町　西文正さん

収穫が始まる頃から米ぬかボカシを２週間に１度ずつ通路に散布

まわりの農家が１週間から10日に１度農薬散布する中、西さんはひと月に１度で十分だという。７月28日現在、農薬はスリップスにコテツを１回かけただけ。それでもこんなに肌のきれいなナスがとれる

通路は微生物をふやす場所

西さんは通路に葉っぱをどんどん捨ててしまう。病気がついていても気にしない。葉っぱの上にふる米ぬかボカシのおかげで、カビや放線菌が増え、腐敗せずうまく発酵してくれる。

この微生物が病気や害虫を抑え、畑を耕し、バランスのとれた肥料の吸収を助けてくれる。

マルチをめくると通路側に根がのび出していた。ボカシの肥料分を吸っているのだろう

真っ白いカビが、下に落とした葉っぱやナスにも！

ナスの葉っぱにカビが生え、しなしなになっていた

西さんの畑に生えていたキノコ。「キノコが生えるような畑は未熟有機物が残っている証拠だからよくない」といわれるが、西さんはこうしたキノコが生えた年ほど作柄がいいという。そしてあえて中熟堆肥（チップカス堆肥など）を畑に入れている

米ぬかボカシは、元肥として表層にまく

※西さんの米ぬかボカシづくりとその生かし方は図解でも紹介しています（80ページ）

ピカピカナスの秘密は米ぬかボカシを通路だけでなく畑全体にも入れることだ。微量要素が入った強力なパワーをもつボカシを元肥にふり、表層10cmだけ耕す。すると畑全体が土こうじでおおわれる。いわば“土ごと発酵”だ

西さんが持っているのは、台木から芽吹いた芽。この芽をかかないで、定植後１カ月半ほどのばし放題にする。こうすると芽の数が増えるぶん根の数も増え、初期の根張りがよくなり、樹はいつまでも若さを保つという（台木はトレロ、穂木は大成）。これも病気しらずの秘密のひとつ

（撮影　赤松　富仁）

2000年10月号　土ごと発酵で農薬代1／3の露地ナス

雪の下で米ぬかが発酵
果樹園のミミズがふえる

ブドウ・リンゴの食味が上がり、肥料代は下がる

岐阜県高山市　藤井守さん
編集部

ブドウハウスの中の藤井守さん。除草のためにウサギ、ニワトリを放している。品種は病気に強いヒムロッドシードレスとスチューベンが主力。10ａほどブラックオリンピアもあるが、こちらは無農薬でつくるのは難しいという

無農薬のブドウの味をもっとよくしたい

藤井守さんのブドウ園は、無農薬栽培だ。もう七～八年になる。そのために、病気に強い品種の選択や、ウサギによる除草など、いろいろ取り組んできた。リンゴもあるが、こちらは病気が多くて、まだ完全無農薬というわけにはいかない。

果物をすべて直売しているので、消費者の人たちから、おいしいとかまずいとか、いろいろ言われてきた。最近は、食品の安全、安心に加えて、味をよくしたいという思いを強くするようになった。

そこで、数年前から、それまで使っていた有機配合肥料にかえて、米ぬかをまくようになった。昔からスイカなどの果菜類に米ぬかを散布するとおいしくなると聞いていたからだ。

雪の下で米ぬかを発酵させる

はじめは化学肥料も混ぜて散布していた

が、現在は米ぬかとコフナ菌、卵の殻だけだ。リンゴ園にも米ぬかの施肥を始め、二・八haの果樹園全部に散布している。もともと施肥は、元肥中心で、芽だし肥やお礼肥も行なわない。

果樹園は標高七〇〇mあまりの高地にあり、雪が積もっている期間が年間八〇日以上もある。冬期は、外気よりも雪の下のほうがかえって温度が高いので、雪の積もる前に米ぬかを散布する。米ぬかと一緒にコフナ菌を混ぜて、早く分解させるようにしている。

十二月初旬に、ブレンドキャスタで、米ぬかとコフナを、五対一の割合で混ぜながら全面散布する。米ぬか+コフナは反当二五〇kg。そのあと、卵の殻を反当一六〇kgまく。全面積で米ぬか七t、コフナ七〇袋という量である。

米ぬかは軽いので案外散布しにくいため購入したブレンドキャスタ（タカキタ製）　（撮影　藤井守さん）

ミミズがふえ、土が軟らかくなった

春、雪どけした直後に果樹園をまわっても、米ぬかの姿はない。雪の下は案外暖かく湿度もあるので、微生物の力で分解されてしまう。

一見、土に変化はなさそうだが、実はミミズがとても増えた。それも「このへんで鉄砲ミミズという太いやつがいっぱいいる」のが以前とまったく違うという。米ぬかをエサにして、ミミズが増えたとしか考えられない。

山のリンゴの畑では、今度はミミズを追ってタヌキが土を掘りかえしている。「これにはちょっと困るが…」といいつつ、藤井さんはむしろ喜んでいるように見えた。

このごろ訪ねてくる人たちに、「土が軟らかいね」と言われるようになったのも、ミミズがふえたせいかもしれない。

除草対策にニワトリを入れてみた。どうせならうまい卵を食べようと、県で育成した「奥美濃古地鶏」というニワトリを選んだ。中ビナで150羽ほど放したが、とても草の勢い追いつかない。しかし、ニワトリのあとに入れたウサギ（パンダウサギ）が、ススキのようなしつこい草まで根こそぎきれいにしてくれた。ウサギというのは、えさがあって天敵がいないとなると、どんどん繁殖するらしく、最近は殖えすぎてちょっと困っている

雪がとけたあとには米ぬかは分解されていてない。驚くほどミミズがふえ、土もほくほくしてきた。ここはリンゴ園の土

（撮影　藤井守さん）

食味があがり、肥料代はへった

米ぬかを使うようになってから果物の糖度が上がり、水分や歯ごたえといった食味もよくなった。お客さんからは、「味が変わったわねぇ」といわれる。昨年のリンゴの価格下落にも影響されず、年内に完売できた。

また、肥料代についても、以前は高い肥料を使っていたのでずいぶん下がった。米ぬかは、一kg一八円で肥料屋から買ってくる。米ぬかとコフナの代金は反当で約七七〇〇円、卵の殻は五七六〇円、合計で約一万三四六〇円。

そもそも米ぬかをまいたねらいは、有機栽培に少しでも近づけ食味をよくしたいということに加えて、高価な肥料代を安くしたいという思いがあった。そして、今のところその両方とも実現できているという。

二〇〇〇年十月号　ブドウ、リンゴ　根雪前の米ぬか散布「雪ムロ発酵」でミミズ一杯、ホコホコの土

二〇〇〇年七月号　根雪前の米ぬか散布でリンゴが確実にうまくなる

高温管理でスリップスを抑える

以前はダニ、フタテヒメヨコバイ、コウモリガ、スカシバなどの害虫がでていた。中でも一番の難敵はスリップスで、この虫のためにどうしても無農薬にできなかった。

雑誌にハウスの温度を上げてやるとスリップスが防げると出ていたので、早速ハウス（無加温）の換気をやめてみた。日中は50度近くにも上がるのだが、我慢して見守っていた。すると、確かにスリップスは出ない。これはいけると思った。そのおかげで完全無農薬への一歩になった。

UVカットで蛾対策

さらに、UV（紫外線）カットのビニールをはってからは、スカシバ、コウモリガ、アメリカシロヒトリなど出なくなった。これらりん翅目類は紫外線がないとうまく飛べないらしい。前は幼虫がもぐったせん定枝を何十本も集めて、釣りをする人にあげていた。今ではそんな枝が全然なくなった。

あっちの話こっちの話

一回切り返すだけで、もみがらを完熟堆肥に
すのこを敷いて空気を循環させるのがポイント

本田進一郎

田んぼから出るもみがらを何とか利用したいのですが、実際にはなかなか大変。ただ積んでおくだけでは、分解するまでに何年もかかります。

施設園芸で使用する場合は、未熟なものをなるべく入れたくないので、高温で早く発酵させようとします。すると、何回も切り返しが必要となります。

長野県茅野市のMさんに、うまいやり方をうかがいました。

もみがら一tに対し、米ぬか五〇kg、稲わら二〇〇kg、鶏糞二〇〇kg、VS菌34を五〇kg混ぜ、水分を六〇%くらいにします。畑の空いたところに木の板で囲んで、一mぐらいの高さに積みます。最後に古いビニルシートでおおいます。

底に、すのこのように板を重ねて敷くと、空気が自然に循環し、発酵が非常に早くすすみます。水分が多いので、下にはおちません。こうすれば、切り返しは発酵二〇日後に一回だけですむそうです。

一九九七年十月号　あっちの話こっちの話

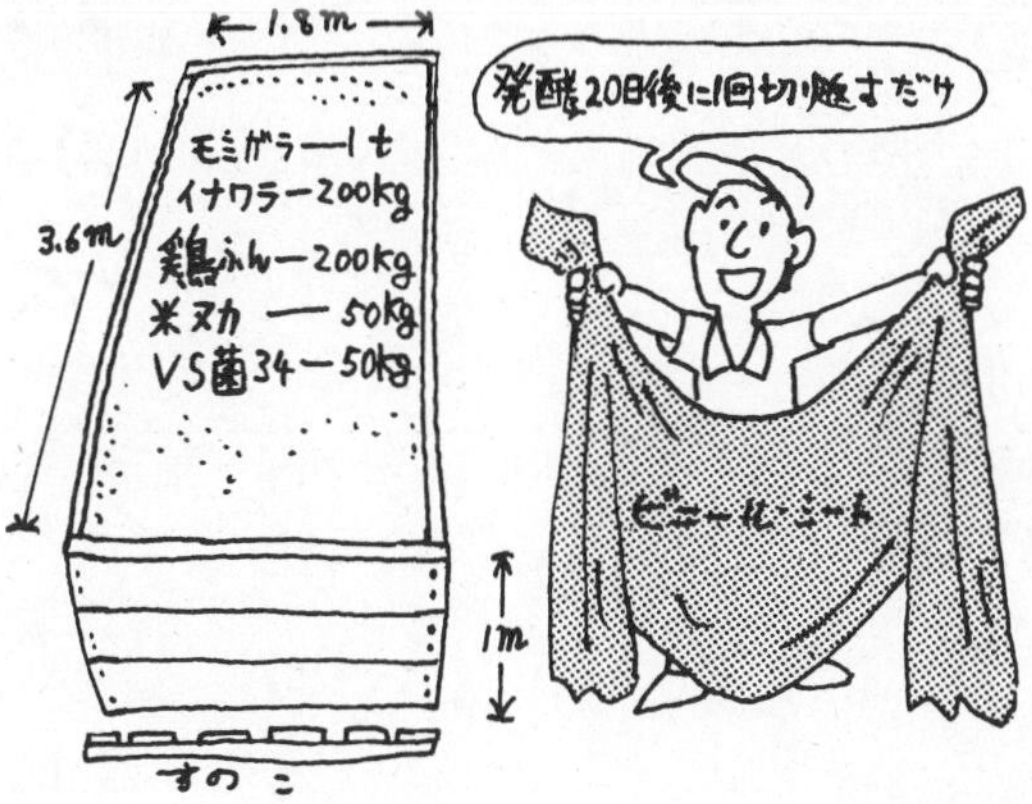

ボカシ肥でネコブセンチュウとも縁切り

小嶋章記子

昨年の台風では、水田はもとより畑のほうも大きな被害をこうむりました。東北の野菜地帯ではネコブセンチュウの被害が、今までまったくでなかった畑にまでひろがってしまい、悩みは深刻です。しかし、福島県白河市の白坂地区ではちょっと様子が違っていました。

斉藤一広さんに被害の程度をうかがったところ、「かえってよくなりましたよ」というのです。

斉藤さんのハウスでは、丸一昼夜、水にとっぷりと浸ってしまったにもかかわらず、「トマトならば四L級のものがゴロゴロと収穫できたし、倒そうと決めていたキュウリも、雨のあと、元気を回復して予定より長く収穫できた。去年少しでたセンチュウも、半分以下に減ってしまった」とにこにこ顔です。

その秘訣はボカシ肥にあるようです。

米ぬか、油かす、魚かすに酵素などを加えて、ボカシ肥をつくるようになってから、この地区の野菜は年々収量を上げています。

しかも農薬散布はめっきり少なくなり、化成肥料も必要なくなってコストも軽減されているそうです。

「元気のよい作物をつくるには、質のよい土つくりが、遠まわりではあるけれど一番いい方法らしいね」ということでした。

また、いわき市小川でも、ボカシ肥のことをマル特肥料と呼んで、せっせとつくっています。

一九八七年四月号　あっちの話こっちの話

雑草と米ぬかでバラ栽培

耕さず除草せず

広島県東広島市　坂木雅典さん
編集部

通路に生やした雑草をもつ坂木雅典さん。「草の有機物補給量は根を含めて年間１ｔにもなるから、草は貴重な財産なのです」

温室の中は草だらけだった

坂木雅典さんの、バラの温室に入って驚いた。

二列あるうねの、左側のほうは通路に雑草が生え放題。足を踏み入れるのもためらうほどだ。よく見るとうねの上にも草がビッシリ生えていて、中にはバラの高さより伸びているものもある。右側を見ると、こちらは生えていた草を刈ったばかりで、草がその場に刈り敷かれている。

「この上から肥料をふるんですよ」

と笑う。見ばえがいいとは決していえないが、でもバラは勢いよく芽を出し、新芽は鮮やかな紅色だ。

坂木さんのバラつくりは、不耕起、無除草。肥料は、雑草やバラのせん定枝の上から、米ぬかと発酵菌、麦芽かすをわずかにふるだけ。それでも年間坪当たり三〇〇本のバラが切れる。それを奥さんが経営する自宅わきの直営店と、息子さんが市内に持つ花屋で売る。「ここのバラは日持ちがする」と評判だ。

三八〇坪ある温室の管理作業はたった一人で行なっている。それを可能にしているのが、このやり方なのである。

刈った草の上に米ぬかをふる

施肥のやり方は、いたって簡単だ。

雑草はとにかく生やし放題にし、年に四回ほど地上部だけをカマで刈り、その場に刈り敷く。この草による有機物の量は、根も含めて年間一tにもなるという。バラのせん定枝や葉も通路にそのままおく。

そしてその上から、脱脂米ぬかと麦芽かすを発酵させた肥料（SGR、四―五―二）を年二回、三〜四月と八月に反当七五kgずつふる。チッソ成分にして、一回わずかに反当三kgだ。その後、一週間以内にカビが生えてきたらこれでおしまい。もしカビが生えてこなかったら、米ぬかを反当三〇kg程度、発酵菌（キレーゲン）を反当一〇kg程度ふって、畑の微生物を増やしてやる。

こうして、通路に有機物をそのまま置いて、後は微生物にまかせてしまう。つくるのに手間のかかる堆肥もボカシ肥もいらない。

草があれば害虫はつかない

さらに、農薬散布は年に四回程度ですんでいる。

畑に余分な肥料が入っていないと、バラの体内にも過剰な窒素が残らないためか、病気が出にくく、虫も寄ってこない。

虫はバラではなく雑草に好んでつくという。ハダニはカタバミにつくし、コナジラミは地元で「鉄道草」と呼ばれるヒメムカシヨモギにつく。だからどうしても防除が必要なときは、その草だけにスポット散布すればいい。

山に学んで不耕起、少肥

こうした不耕起、無除草で、土の表層を発酵させるやり方にしたのは、バラをつくって八年目、もう二六年ほど前にさかのぼる。

それ以前は、牛糞堆肥を毎年八t畑に入れ続けていた。しばらくするとバラの新芽が出な

生やし放題にした草を地上部だけ刈って、その場に刈り敷く。通路は雑草の根でいっぱい

バラと同じ高さまで伸びたヒメムカシヨモギ
コナジラミがバラではなく、このヒメムカシヨモギに好んでつくので、スポット防除で防げる

くなり、そのうち株が枯れ始めた。わらをもつかむ思いで畑を元に戻す方法を勉強した。そうしてたどりついたのが、山に学ぶことだった。

　山の土壌は耕されることなく、堆積した落ち葉だけですくすく育っている。ある人から「森林の堆積する有機物量は年間で一t程度」と聞いた。そうか！　山の土はわずか一tの有機物を一年かけてゆっくり土壌にしている。決して何tもの有機物を一時にすき込んだりしない！　それ以降、肥料はなるべく地表面に少量ずつふることにした。

海草で塩基バランスをととのえる

山に学ぶのと同時にたどりついたのが微生物だ。ある篤農家に「畑の菌バランスを整えろ。悪い菌といい菌を共存させろ」と教えられ、「いい菌」として今使っている発酵菌（キレーゲン）を知った。この発酵菌を畑に入れてみると少しずつバラの新芽の色が変わり、紅色になってきた。しかし一カ月もすると元の黄色い芽に戻ってしまうのだった。

　坂木さんはかたよって集積した塩基を減らす方法を探した。そして見つけたのが昆布だ。「広島の因島、向島では田んぼがないから、昔から畑の敷わら代わりに海藻を使ってたんですよ。あんな塩気の強いものを畑に持ち込んで土は大丈夫なのかなあと思ったんですが、島に連作障害は出ないんです」

　それで海藻粉末（ハイケルプ）を取り寄せ、発酵菌といっしょに畑に入れてみるとピタッと塩類障害がおさまったのだ。そして、牛糞

雑草が根付きでスッと抜けるほど土がフカフカ

草の上から米ぬかをふり、ボカシの材料をふるだけで、通路にカビが生えて、表層から土ごと発酵していく

海藻粉末（ハイケルプ）。海草はカルシウムやマグネシウムなどミネラルを多く含んでいる。かたよった塩基バランスを回復させる

堆肥を入れすぎたために、ペンペン草ひとつ生えなかった畑に雑草が生えてきた。

畑を深く耕さず、肥料は控えめに、微生物を増やして、と徐々に切り替えてやっとバラが安定してつくれるようになった。こうした苦しい時期をのり越えてきた坂木さんは、雑草を抜くのがとても「惜しい」のだ。

一番奥が坂木さん。手前左が妻。「自然から学び、自然と語り合い、夢ある出会いをしよう」が私のモットー

雑草と米ぬかで経費一〇分の一

さらに今のやり方にはっきりと切り替えたのは、平成三年からだ。平成二年に新しい温室を建てた直後に台風被害にあい、大きな借金を背負った。そのため、経費をぎりぎりまで抑える必要に迫られた。

「経費をこれまでの一〇分の一に減らそう」。そう考えた末、堆肥の代わりに雑草を利用することにし、一〇〇〜二〇〇kgも入れていた発酵菌を減らして、代わりに米ぬかを多くふるようにした。米ぬかで菌を増殖させるためだった。

バラのように多年生で、種まきや定植のために耕起する必要がない作物は、有機物を表層で発酵・分解させるやりかたがぴったりだ。やろうと思えば、坂木さんのように、コストを劇的に減らしながら、高品質のものを生産することが可能だ。

草をじゃま者あつかいせず、微生物の力にまかせると、人間はとてもラクになる。

二〇〇〇年十月号「土ごと発酵」と雑草緑肥で経費一〇分の一のバラつくり

わが家の直売店「べるふろぅらはうす」。田んぼの中にあるが、あそこのバラは日持ちすると、多くのお客さんが集まる。値段は年間一定で、L300円以下、M150〜200円、S100円（市価より50〜100円安い）。開店以来同じ値段。ここでアレンジメント教室と押し花教室もする

うねの表面にボカシ肥や山草、ナスの茎葉などをおき、発酵させる。表面の有機物の層の下はミミズが耕し、団粒化が進んでいる。高知県・中越敬一さんのハウスナス
（撮影　赤松富仁）

土ごと発酵を「回流論」から考える

樋口太重

微生物が団粒構造の形成と崩壊をダイナミックに演出。有機物による新しい土づくりが、持続型農業を強く支える。

筆者は、「土ごと発酵」土壌の実態を充分に把握しているわけではない。しかし、微生物の働きによって表層から土をよくする（団粒構造を発達させる）という「土ごと発酵」方式が、現在の農法にある種の問題点を投げかけることは確かであろう。この意義について、有機物施用と回流の関係を軸に、検討することにした。

回流とは 空気や養水分の流れ

まず、「回流」とは何か、について簡単に述べたい。

筆者は、作物栽培にとって重要な土の健康とは、空気・水分・養分および微生物の代謝産物などが、さまざまな土壌のすきまを円滑に流れる状態をあらわすとした。

円滑な流れというのは、その流れが一定方向ではなく、土壌のなかの養分濃度や地温の差、あるいは負圧（根の養水分吸収によって生じた吸引圧）などにしたがって、土壌溶液に溶出した物質やイオンができるだけすばやく移動することである。その流れ、あるいはめぐりと表現できるかもしれない現象を、筆者は「回流」と呼称することとした。

この回流の程度は土の物理的構造と密接な

関係にあり、良質有機物の施用によって団粒構造が発達した畑では、回流は一段と加速されることを、実証した。

土壌における養水分の動きを連続自動測定（次頁の写真）システムで時間をおって細かく調査したところ、団粒構造が発達した土壌では雨水の浸入にともなう土壌水分の変動がすばやく敏感に現れ、空気、養水分などが、土壌中を縦横無尽にダイナミックに動き回ることが推測された。図1はそのイメージである。

回流が促進されれば、施肥効率が向上し、均一な作物生育が保障される。そればかりでなく、上から下への一方的な水分移動とはちがい、上下左右に養水分が動く回流が促進されれば、肥料（硝酸など）流亡による地下水汚染が軽減できるなど、環境負荷軽減が期待できる。

この団粒構造は、耕うん、降雨などによって容易に破壊されるため、ポリマルチの利用が有効となる。ポリマルチは、風雨による団粒構造の破壊防止に役立つばかりでなく、土層内の地温較差を助長し、空気や養水分の速い動きに貢献するであろう。

また、回流の促進には、土壌中に養水分の濃度勾配をつくることが大切となる。局所施肥、肥効調節型肥料の利用、あるいは養液土

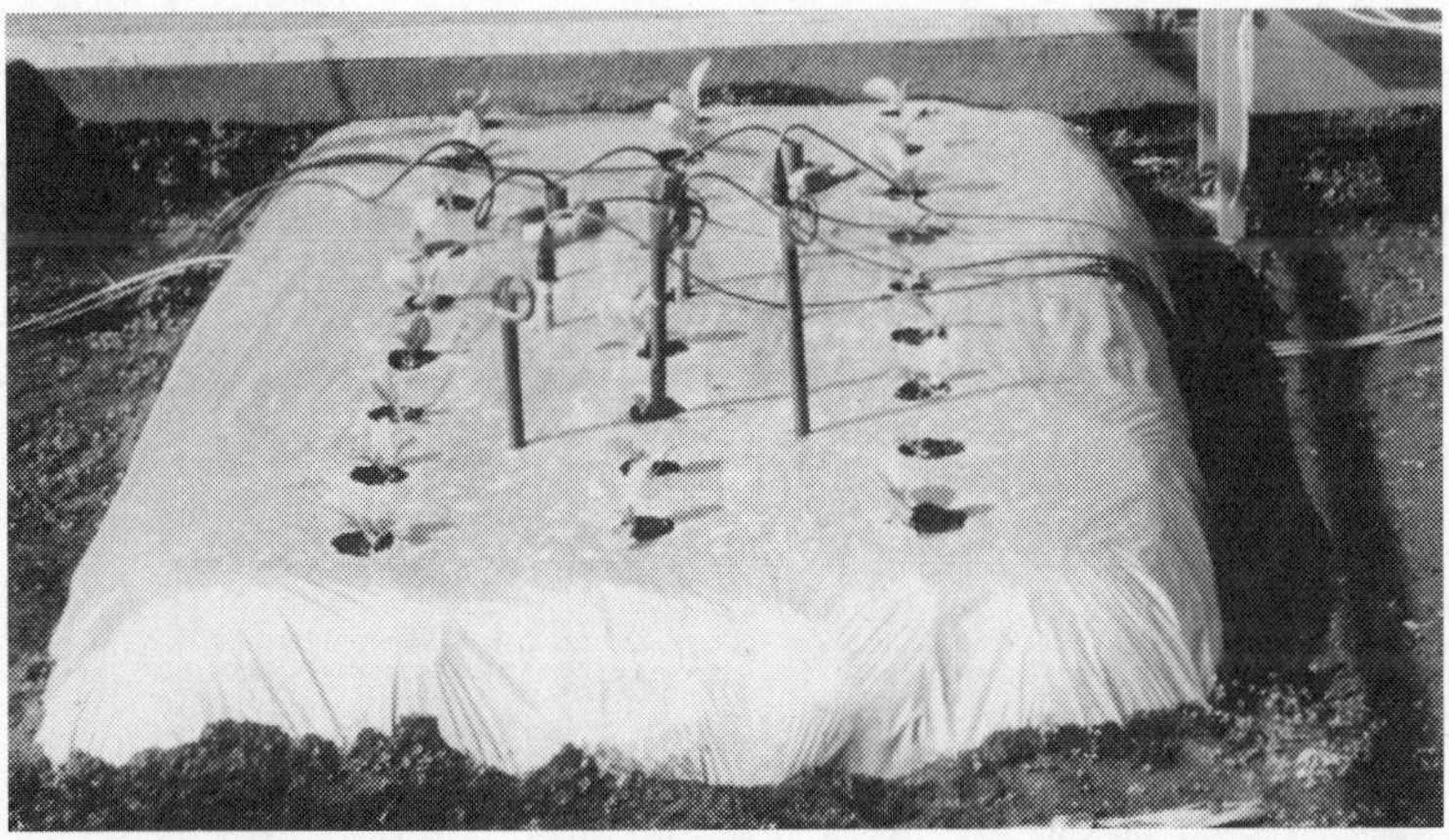

土壌水分、養分、地温、ECの連続自動測定システム（1996、樋口）団粒構造が発達した土壌では、マルチの穴から入った雨水がすばやく回流し、穴と穴の間に挿し込んだセンサーが反応する

図1　回流のイメージ図

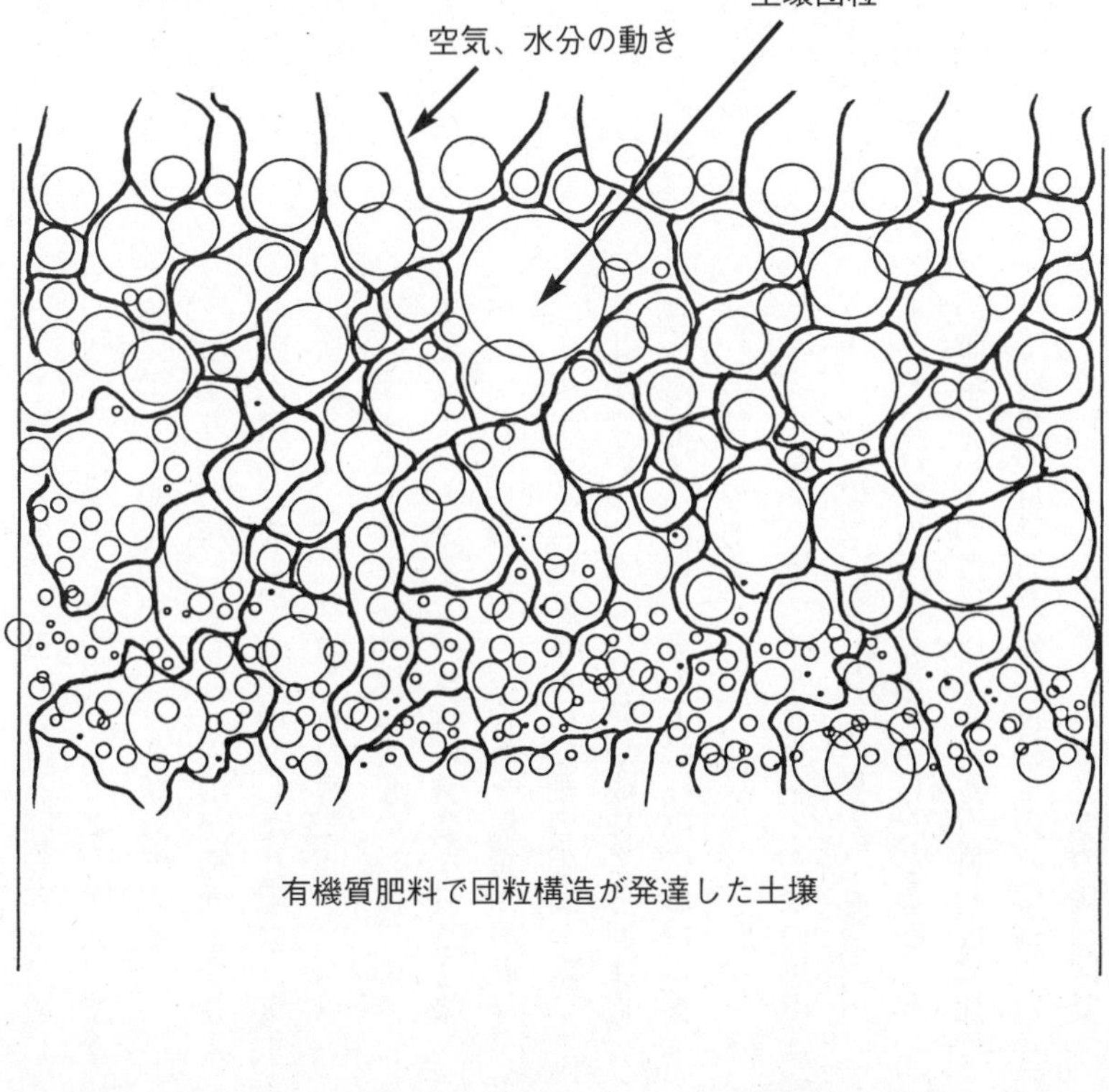

耕栽培などの濃度勾配を利用した施肥管理技術は、団粒構造の発達した畑で、その真価を発揮できることが考えられる。

土ごと発酵とは不耕起栽培での有機物施用技術

以上の「回流論」をふまえて「土ごと発酵」について考えてみよう。『現代農業』では、「土ごと発酵」の特徴を次のように述べている。

「まず、作物の茎葉や残渣、雑草などをそのまま発酵素材として活用する。田畑にある有機物をその場所で活かすやり方だから、堆肥と違って運ぶ手間もかからず、大変省力的だ。そして、通路や冬の空いた畑などを有効に活用する。ハウスの通路に摘葉した葉を捨ててその上から米ぬかをふる。収穫後に、わらや収穫残渣の上から米ぬかをふる。すると、白いカビがビッシリ生えてくる。この発酵を促進する中心的な資材が米ぬかだ。米ぬかは微生物が利用しやすい養分やミネラルが豊富で、残渣などとともに土の表面、表層に集中的に施すことによって、微生物層が劇的に変化し、田畑がぬか漬けの床のように発酵の場に変わる。発酵の過程で微生物は、エサとして土のミネラルを溶解・吸収する。土は微生物のすみかであるとともにエサともなり、こうして土全体が発酵する。だから〝土ごと発酵〟なのである。」

「土ごと発酵」を土壌肥料学的にみると、以下の技術内容に整理できる。

①土壌は不耕起ないし半不耕起（表層のみ軽く耕す）
②作物残渣や雑草、および米ぬかを利用
③有機物は表面または表層施用
④有機物の分解は好気的分解

「土ごと発酵」は端的にいえば、「不耕起（半不耕起）栽培における有機物の表面（表層）施用」技術であるとみてよい。

ここでは①〜④の技術内容を、土壌肥料学的な知見にもとづいて大まかに解説することとした。

耕しても、保水力を左右する毛管孔隙は増えない

まず、不耕起について。一般に土壌を耕す目的の一つに、土壌を膨軟にして空気や水分の流通をよくすることがあげられるが、実際には、極端な場合を除き、耕起によって土壌の物理性はそれほど改善されないという。人為的に土壌を膨軟、中圧縮、強圧縮の状態にして各土壌の孔隙分布を調べた木下の研究では、毛管水を保持するいわゆる圃場容水量域（pF一・八以上）の孔隙は、土壌の膨軟、圧縮によって変化しないことを認めている。

つまり、耕起によって、土壌が膨軟になり孔隙が増加しても、その増加した孔隙は、重力によって下に流れ去る重力水（pF一・八以下）が満たされる粗孔隙（大きい隙間）のみであって、土壌水分の保持に重要な役割を果たしている毛管孔隙（毛管水を保持する直径二〜〇・二μ程度のきわめて細い隙間）量に変化がないのである。団粒形成による回流促進が重視するのは、この毛管孔隙における養水分の動きである。

一方、岡島らは、緻密な重粘土、軽い黒ボク土、団粒構造の発達した沖積土の三圃場で、トウモロコシの不耕起栽培をしたところ、どの圃場も作土の硬度は大きいが、耕起区に比べて収量が低下したのは重粘土のみであったとしている。しかも軽い黒ボク土の耕起区では、耕起したために土壌の毛管孔隙が切れて、水の供給が不足し、収量が低下した（表1）。軽い黒ボク土は、除草や施肥上の問題は残るが、土壌物理性の面ではもともと耕起の必要のない土壌なのかもしれない。耕起という農耕にとって基本的と思われる技術も、作物生育に対する効果は条件によって異なり、絶対的なものではないのである。

有機物の表層施用の価値

有機物の表層施用についてはどうか。有機物の施用方法は、堆肥や耕起前に細断した残渣を、ロータリやプラウなどですき込む方法、いわゆる全面全層施用が一般的である。近年、省力化や持続型農業推進の見地から、有機物の表面施用、溝施用、局部施用が見直される気運にあるが、それに関する研究成果はきわめて少ない。

愛知農総試では、豚糞堆肥を表層施用（表面に載せただけ）と全面混合（全面施用作土混合）について、無肥料と標準施肥でタマネギとキャベツを栽培し、その収量性を比較した。これによると、両野菜ともに有機物施用により増収するが、作土混合よりも表層施用で収量の高いことが注目される（図2）。

その傾向は無肥料区で顕著なため、混合施用区の収量が低い要因は、土壌との混合で有機物の分解が促進され、分解によって窒素が奪われた（窒素飢餓）ことによると考えるのが普通である。表層施用による土壌物理性改善の効果が関与している可能性は大いにあるが、その検証は今後の課題である。

有機物の適切な施用位置は、土壌の性質によって変わるであろう。粘質土壌では物理性改善のために粗大有機物の多い資材を施用し、作土層とよく混合することが望ましい。しかし、砂質土や黒ボク土では作土層に多量

表1　不耕起栽培とトウモロコシ収量

土壌の種類	耕起・不耕起	作土の硬度	子実収量（kg/a）
沖積土	不耕起	13.7	45.0
	耕起	6.9	36.3
重粘土	不耕起	23.6	34.8
	耕起	9.2	42.7
黒ボク土	不耕起	10.7	20.0
	耕起	3.1	9.8

（1974、岡島・佐久間・鈴木）

図2　オガクズ豚糞の施用位置が作物収量に及ぼす影響

（1979、愛知農総試）

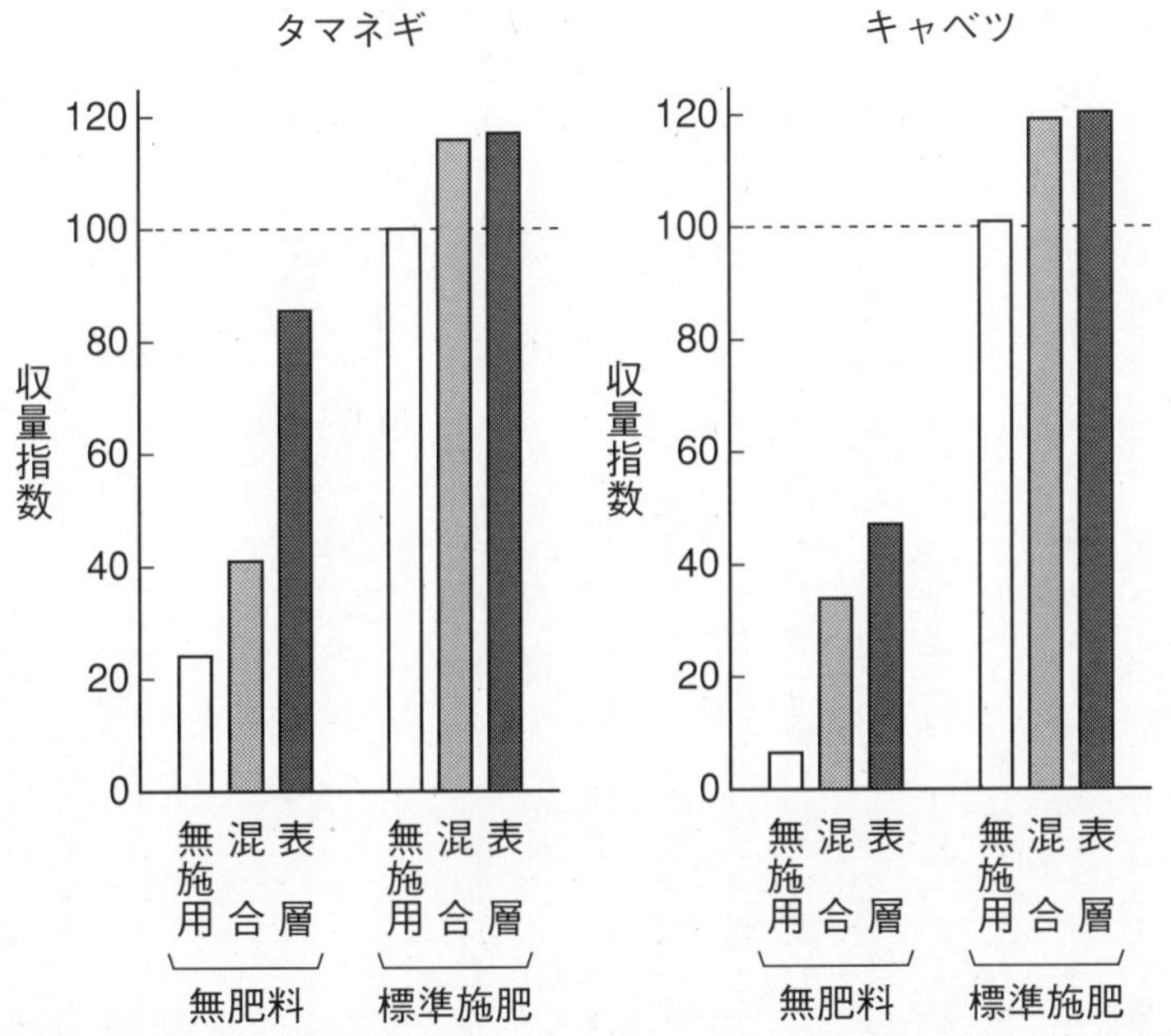

の有機物を混合すると、干ばつの影響を受けやすくなるために、土に混合するのであればやや深めに施用し、深耕と併用するのがよい。

ただし、深層に有機物を施用する場合は、未熟有機物では害がでる恐れがあり、完熟した有機物を利用するのが安全である。逆にいうと、「土ごと発酵」は、作物残渣などの未熟有機物を、害を出さずに利用する方法といえる。

なお、熱帯の乾・雨季地帯の畑で検討した結果では、有機物マルチ（残渣の表面施用）技術は、乾季での土壌水分不足の解消、および雨季での土壌浸食による作物の生育阻害や地力低下を軽減することに有効な技術であることが実証されている。

微生物の代謝産物が団粒を形成する

さて、「土ごと発酵」の本領は、発酵、つまり、微生物の力を活用した土壌の改善であろう。これについて、筆者が研究してきた、有機物肥料による団粒形成の仕組みから接近してみよう。

有機物の施用により団粒形成が促進されることは、古くから篤農家技術として知られているが、これには微生物が関与している。

微生物の代謝産物（ゴム状物質など）やカビ類の菌糸は、土壌粒子の結合物質としての役割が大きい。有機物の分解過程で生成される微生物由来の多糖類は、団粒の生成により効果的であり、したがって、腐熟した堆肥よりも、緑肥や有機質肥料など易分解性炭素量の多い資材が、団粒形成に効果的と考えられる。大きめの団粒形成には、カビ優先型の微生物分解を示す新鮮緑肥やミカンかすなど、易分解性有機質資材の利用が効果的である。これに対し、微生物が分解しにくい難分解性資材は土壌の増量剤となるのみで、団粒形成に直接関与しない。

この団粒構造が発達するためには、土が乾燥作用を受けることが必要条件となる。

土壌水分の多い状態では、アルミニウムや鉄の酸化物をその表面に吸着する粘土粒子は、単粒子に近い状態である。乾燥によりこれら粘土粒子は接近し、鉄やアルミニウムの酸化物を固形化して、粘土粒子と粘土粒子とを結合させる。これが微細団粒の形成である。

一方、微生物の代謝産物（ゴム状物質など）やカビ類の菌糸は、微細団粒をさらに結合させ、二㎜以上の団粒の形成にその役割が大きい。その場合も、土壌の水分状態が団粒形成に微妙な影響を及ぼす。さらに、ミミズなどの土壌小動物によって、もっと大きな団粒がつくられる。

森林の表層土壌で、大きな団粒から細かい団粒まで見られるのは、表層に供給される有機物を微生物や小動物が利用した結果である。

水分が多いとトロトロになり少ないと団粒化する

筆者は、有機物添加土壌の、団粒形成に及ぼす土壌水分の相違を室内実験で検討した。

乾いた土に硫安と微生物に利用される糖（グルコース）を添加し、水分を加えて所定期間培養した後、一つはそのままの土壌水分状態（未風乾土）で、片方はいったん風で乾した後（風乾土）、それぞれの土壌の分散度を調べた。土壌の分散度とは、土に占める細かい粒子（粘土＋シルト）の割合をみたもので、これが高い（細かい粒子が多い）と土は単粒化しており、低いと団粒化が進んでいると判断できる。データは省略するが、結果は、未風乾土では粘土もシルトも増大し分散度が高かったが、風乾土では概して減少した。

微生物が繁殖した土壌を、そのまま水分を保った場合は細かい粒子の割合が多く、乾燥させるとその割合は減り団粒形成が促進されたのである。

このように、微生物と土壌水分は土壌凝集体（団粒構造）の形成および崩壊という動的関係に対して重要な役割を演じているのである。

有機物施用により微生物活性が増大するにしたがって、土壌凝集体はまず崩壊過程をたどる（土壌粒子表面の水膜の表面張力が低下し、粒子間の分子間引力が衰える）。この崩壊過程において粘土粒子に結合されたミネラルなどが土壌溶液中に溶出し、一方は作物に、他方は微生物にも利用される。そして、分散化が進行した土壌が乾燥条件に向かうと、凝集つまり団粒形成が促進される。

「土ごと発酵」で、田ではトロトロ層が発達し、畑では団粒構造が発達すると「主張」で述べているが、ここには以上に述べた仕組みが働いていると考えられる。

湛水状態にある水田では、有機物施用により土壌粒子の分散化が進行し、いわゆる「トロトロ状態」の土となり、土壌の還元はいっそう進行するとみられる。その後、中干しなどで土壌がいったん乾燥すると、土壌構造は次第に発達し、通気性や透水性が良好となり、物質代謝を盛んにする。米ぬかなどでトロトロ層がよく発達した田は、後半乾くとスポンジのような軟らかい感じの土になるという。

一方、畑でも乾燥作用を受けることによって、初めて団粒形成が促進される。畑でもある水分域で微生物作用が盛んな土壌条件では、土壌凝集体は当初いったんは崩壊にむかうとみてよい。

このように、土壌は土壌凝集体（団粒構造）の形成と崩壊を繰り返しているのであり、この繰り返しは、一年の単位で栽培と季節の変化を通して毎年起きている、と筆者は考えている。土はダイナミックに動いているのである。

有機物の施用位置で効果がかわる

ここで再度、有機物の施用位置について、団粒形成の面から考えてみよう。有機物の施用位置と団粒形成の関係については、これまで詳細に検討された事例が少ないが、地表面に近いほど地温が高く、好気的条件となりやすいので、分解性が向上するとともに団粒形成は促進されやすいといえる。

また、有機物の表面施用（マルチ）は、土壌中にミミズなどの小動物や微生物などの旺盛な繁殖を促すことから、団粒構造は表層部分を中心にしてかなり発達し、その構造を通じて、土壌養分、水分、空気などの流通が活発となり、回流促進が期待できる。

さらに有機物のマルチは、雨水が直接土壌にあたらないために団粒構造が維持されやすいことから、夏季の野菜栽培では欠かせない土壌管理技術となっている。

ただし、実際の技術として有機物の施用位置を決める際には、土壌の物理的条件や栽培条件などを考慮しなければならない。大事なことは土壌の理化学性改善のどこに一番期待するかであろう。

たとえば、小麦茎葉の浅いすき込みでは、その分解が促進され、養分の有効化が期待できる。深いすき込みでは、茎葉の分解が徐々に進行することから、窒素飢餓が起こりにくく、一～二年後の深耕によって、地力の維持・増進が図られる。

いずれにしろ、団粒構造を育む有機物施用は、表面施用と全層施用のどちらが有利であるかの科学的な検証はえられてない。今後検討する必要があろう。

微生物がつくる有機酸によってミネラル供給が高まる

最後に、有機物が微生物によって分解される際に生成される有機酸について考えてみよう。さきに、土壌凝集体の崩壊過程でミネラルが供給されると述べたが、この有機酸もミネラル供給に関与している。

土壌湛水条件の水田における稲わら、残根などの有機物は、主に嫌気的な微生物作用で分解し、酢酸などの脂肪族有機酸の継続的な生成をもたらす。生成有機酸が土中に多量に存在すれば、水稲根を傷めるなど、生育を阻害することが知られる。

嫌気的条件で生成される有機酸は、酢酸が最も多く、ついで蟻酸、乳酸、プロピン酸、酪酸、吉草酸、コハク酸、フマル酸などである。稲わら自体にもわずかだが有機酸を含み、その量は分解過程でしだいに減少する。水田土壌中の有機酸量を調べた例によれば、土壌一gあたり平均二一・三μgであり、森林土壌よりもはるかに少ないという。

土壌中に存在する有機酸は、カオリン、モンモリロナイト、アロフェンなどの粘土鉱物に吸着され、一部は腐植物質の前駆物質としての役割もある。また、有機酸は、土壌中の鉄、アルミニウム、マンガンなどの金属元素とキレート結合を形成して、土壌溶液中に溶出されるために、一方ではこれら元素の作物による吸収が高まり、他方ではこれら元素の溶脱が促進されるという。

前述のように、有機物施用により微生物活性が増大し、土壌凝集体が崩壊する過程で、金属元素は土壌溶液中に溶出されるが、この場面で有機酸が重要な役割を演じている。水稲が畑作物よりも均一性が高いのは、溶出ミネラル量が多いことに加えて、有機酸によるミネラルの有効化が関連しているのかもしれない。

一方、畑では有機物分解が比較的酸化的条件で行なわれるため、有機酸生成は水田よりも少なく、これによるミネラルの供給量も少ないと考えられる。「土ごと発酵」でミネラル供給がどの程度増大するのか、興味のある課題である。

土ごと発酵と回流は、持続型農業を支える新たな土つくり

「土ごと発酵」が提案する有機物施用法や土壌管理法は、現在の集約農法にある種の問題点を投げかけることは確かである。「土ごと発酵」方式は、高い土地生産性や効率性に力点を置く現在の集約農法とは異なり、土壌本来の機能を重視するわが国の伝統的な土つくりに焦点を当てたものといえる。本誌の「主張」では本方式を、堆肥施用や深耕をしなくてもやれる高齢化農業に対応した、もうひとつの土つくり方法と位置づけている。

いずれにしても、回流論に立脚する新たな土つくりは、健康な土で健全な作物を育むことを旨とする持続型農業を強力に支えるだろう。

（農業環境技術研究所）

二〇〇二年十月号「土ごと発酵」を「回流論」から考える

PartⅣ 田んぼの生きものを豊かに

生物たちが土をトロトロにする

アマガエル、ミジンコ、ユスリカ、イトミミズ、カブトエビ・豊年エビ・貝エビ、ドジョウ、赤トンボ、ゲンゴロウ、タガメ、タニシ、メダカ、微視物…。
米ぬかをまくと田んぼの生きものが急増する

米ぬかをじょうずにまく工夫

団子にして投げる

兵庫県姫路市の山下正範さんは、団子に丸めて畦畔から投げる方法に挑戦。生の米ぬかでもいいが、山下さんは米ぬかと油粕を4対1にEM菌を混ぜてボカシにし、それを湿らせて団子にした

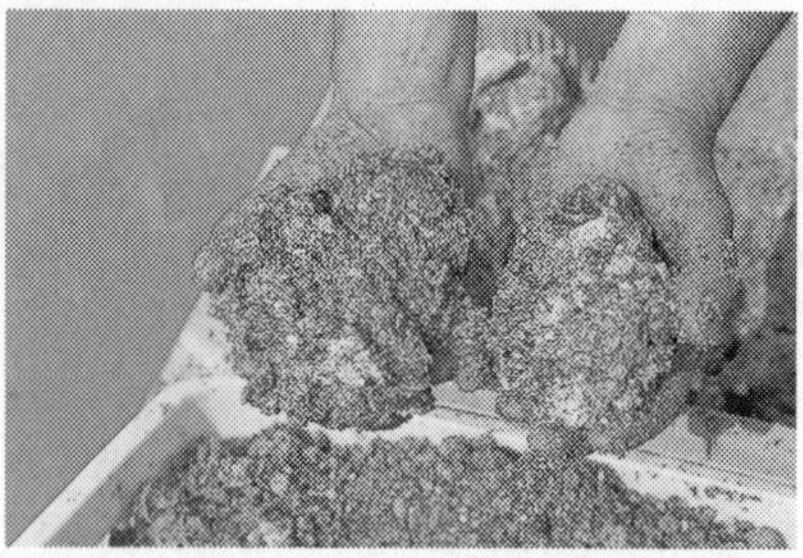

あまり握り固めずに、ちぎっては投げ、ちぎっては投げ。団子は空中で崩れて、いくつもの断片に分かれて田面へ。遠くは15mくらいは飛んだ。10a120kg

断片はすぐに沈み、そこから田の土の表面に膜をはるように広がったようだ。除草効果はまずまず。――しかし、この方法は腕が疲れた。1、2枚試すくらいなら楽勝だが、面積をこなす人にはおすすめできない、と山下さん

田植え機を改造 水中運搬車

福島県原町市の渡部泰之さんは、古い歩行用田植え機にバケットをつけて、米ぬか運搬。チリトリでふりまくと、じつに具合がよかった（＊）

特製 ライムソワー

福井県鯖江市の藤本肇さんは、水田用管理機にライムソワーをつけて、30町歩米ぬか除草もラクラク

田んぼに行く度に畦畔から

宮城県登米町の石井稔さんは、田んぼの見まわりの度に1～2袋の米ぬかボカシをひょいとトラックに積んで行き、風上の畦畔からサッサッとふって歩くだけ。これで十分広がるし、風向きに応じていろんな方向から少しずつやるだけなので、負担にならない。深水や除草機の組み合わせも手伝って、除草もこれでそこそこOK

撮影 倉持正実 赤松富仁（＊）

2001年5月号 続々登場！米ヌカ除草をラクにやる工夫

トロトロ層でイネつくりが変わる

山形県　佐藤秀雄さん

秋にボカシとミネラルを田んぼに散布して、冬の間は水をはりっぱなしにしておく。すると微生物が有機物を分解して、クリーム状の土壌が表面にもりあがってくる。稲わらや雑草の種は、このトロトロ層の下にもぐってしまう。

春、このトロトロ層のおかげで、代かきしなくても田植えができる。除草剤、草とり不要で、肥料もわずかに…。

（撮影　倉持正実）

雑草の種もトロトロ層で埋没。除草剤なしでも、この程度の草ですんでしまった

イネ刈り後にボカシ肥を反当150kgやっただけ。それなのに穂づくりが始まっても肥効が下がらない。茎が太いのも特徴

冬期湛水だと肥料の流亡が少なくなり、窒素を固定する微生物がふえるのだろうか？追肥なしでもこの稔り

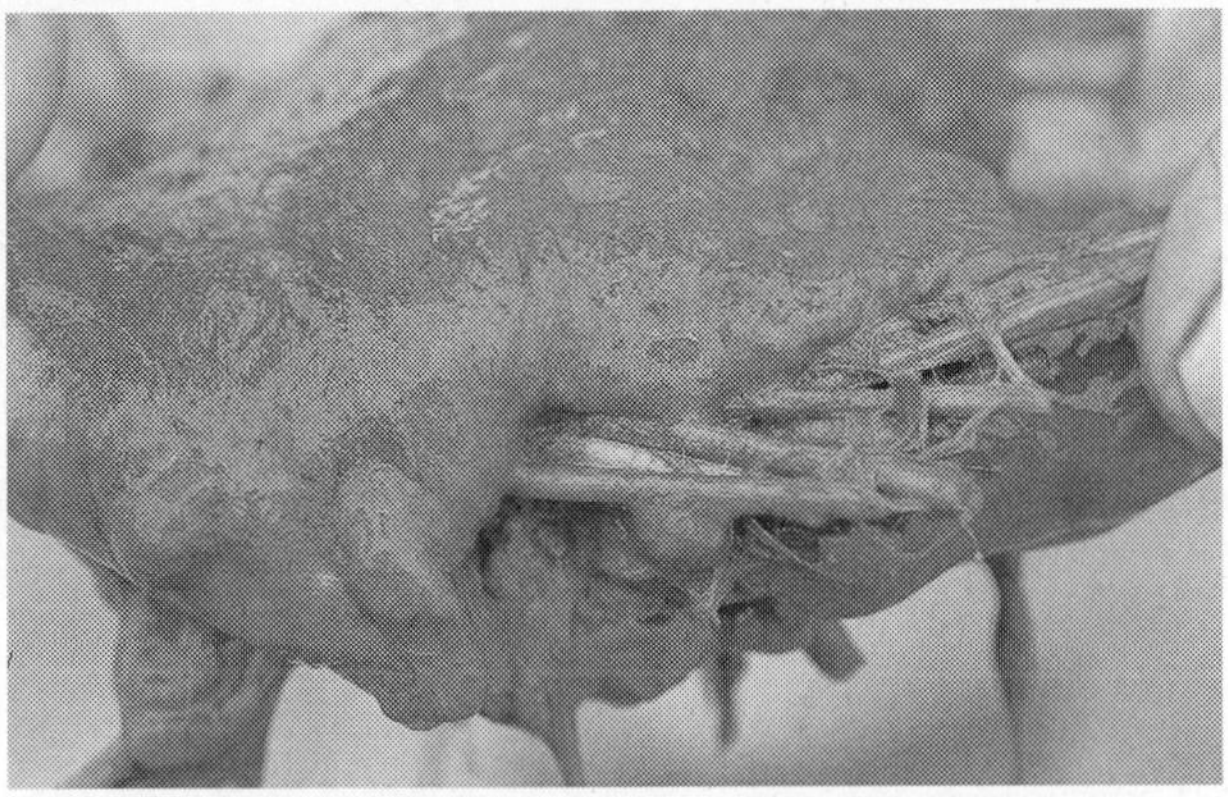

表土をそっとすくってみた。代かきしたわけでもないのに、粒子の細かいトロトロの泥がわらを覆っている

11月下旬、田んぼにボカシとミネラル肥料、塩、グアノを散布。その後は春までずっと水をはりっぱなしにしておく。クリーム状のトロトロ層ができる

ボカシ	120〜150kg
ミネラル肥料	30〜40kg
天然塩	10kg

（1反当り）

ボカシの材料

米ぬか	15kg
くん炭	2kg
完熟バーク堆肥	10kg
小米	3kg
ミネラル	300g
天然塩	80g
水ボカシ	0.5ℓ
米のとぎ汁	0.5ℓ

材料を混ぜたらビニール袋に詰めて、ひもでしめて密封する。このまま3カ月待てばできあがり

水が澄むのを待って足跡を見ると、わらが顔を出した

春先の田んぼはすっかりトロトロ。不耕起なのに、普通の田植え機で植えられる。前作の株の中に植わってもとくに影響はない

2000年10月号　2001年11月号　カラー口絵

ミネラル力を生かした田んぼの土ごと発酵

福島県・藤田忠内さんのやり方

（撮影　倉持正実）

米ぬかを主な材料につくった土着菌ボカシを、秋のイネ刈り後と春の代かき前に、合わせて反当150～160kg（200ℓ）散布

ご飯で採取した土着菌。黒砂糖や米ぬかで殖やす

ボカシ肥1000ℓ（700～800kg）を作る材料は
①米ぬか600ℓ
②種ボカシ40ℓ
③ミネラル土50ℓ
④自然塩一握り
⑤水20～30ℓ
⑥土付き稲株20ℓ
⑦もみがら20～40ℓ
⑧骨粉
⑨魚かす
⑩油かす
（⑧～⑩）各60～80ℓ
海藻などが堆積してできたミネラル土と自然塩を加えることで、菌が活性化される

ボカシの散布前にやる耕耘も、散布後の代かきもできるだけ浅く。ボカシと切りわらと土が表層で混じる

米ぬか＋ミネラルで土ごと発酵

田植え後、湛水中の表層の土はクリームのようなトロトロ層になる

軽く中干しすると、団粒化したフカフカの土に変化。スポンジのように内部には水分を保つ。湛水するとふたたびトロトロ

左側2本の根が藤田さんのイネ、右側2本は一般のイネ

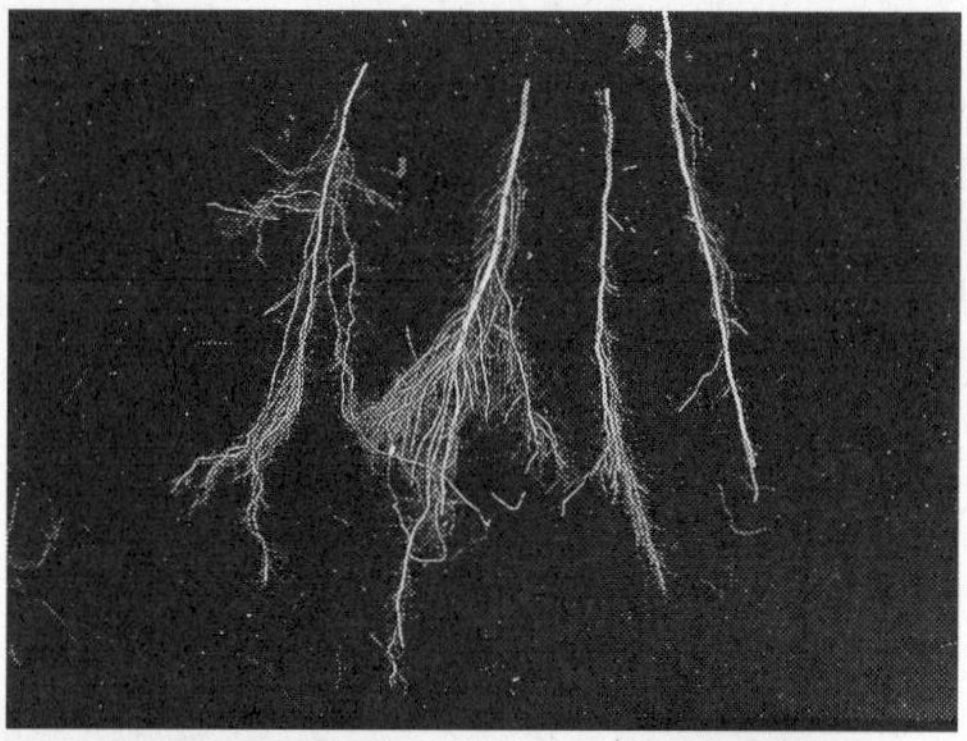

トロトロ層の中はアミノ酸やビタミン、ミネラルが豊富なためか、細根がふえる（左）。この根が登熟を良くする。右は一般のイネ

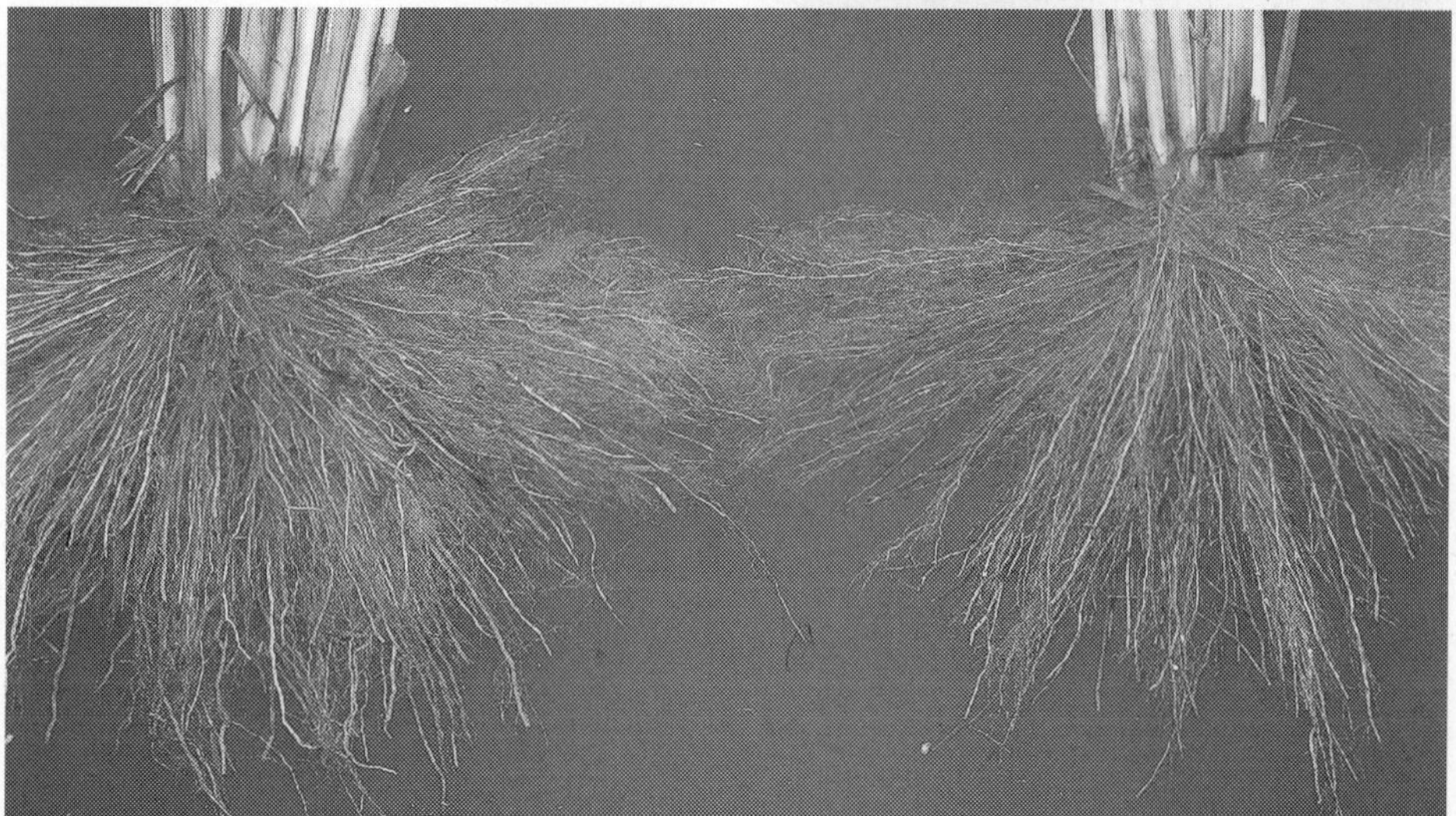

トロトロ層が草を抑える、肥料を生み出す

米ぬかと水ためっぱなしで土を肥沃化する

福井県鯖江市　藤本肇さん

編集部

イネ刈り跡の田んぼにボカシとミネラルと塩をまいて、冬の間は水をためる。すると春にはトロトロ層ができて、代かき、除草剤が不要…。

そんな山形県、佐藤秀雄さん（一四二頁参照）の技術に呼応して、福井県鯖江市で三〇町歩有機無農薬米を生産する藤本肇さんが動いた。

米ぬか・塩・ミネラル・グアノで土ごと発酵

藤本さんは、いいと思ったことは、その年から三〇町歩全部やってしまう。田んぼ一、二枚で少し試してみる、なんてことはしない。「バクチと同じだね」といいながら、「このほうが、田んぼの条件によっての結果もはっきりわかるし、対応も早いよ」とのこと。

昨年暮れの十二月十日、藤本さんは刈り跡のわらが散らばる田んぼに、米ぬか五〇kg、塩一〇kg、ミネラル四〇kg、マドラグアノ三〇kg（すべて一〇a当たり、以下同）をまいた。お気に入りのミキシングスプレッダなら、これだけのものを混ぜて一度にまける。

米ぬか五〇kgは少ないようだが、このくらいの量ですませる技術を確立したい、とかねがね思っている。最近、米ぬかを使う人は、秋にしろ春にしろ、一〇〇kgも二〇〇kgもまくのが普通だが、本当は、その田んぼからとれる範囲の量の米ぬかを戻してやっていくのがすじではなかろうか。

六〇〇kg収量が上がったとしても、その玄米から出る米ぬかは、一割弱。一〇a五〇～六〇kgの米ぬかでやり通せるようでないと、日本中の農家が米ぬかを使い始めたときに足りなくなってしまう。

——まあそういうことはあり得ないとしても、三〇町歩も有機無農薬でやる藤本さんにとって、一〇a何百キロもの米ぬかを全面積分用意するとなると、莫大な量で、とても毎年安定的には集めきれなくなってしまうのだ。

塩一〇kgは、岩塩。元専売公社の日塩（株）の系列の会社が各地にあるので、そこで入手できる。「粉砕塩」と頼むと、輸入天然塩である岩塩が手に入る。なめてみるとあまり辛くない。甘みも感じるくらいの塩だ。微生物

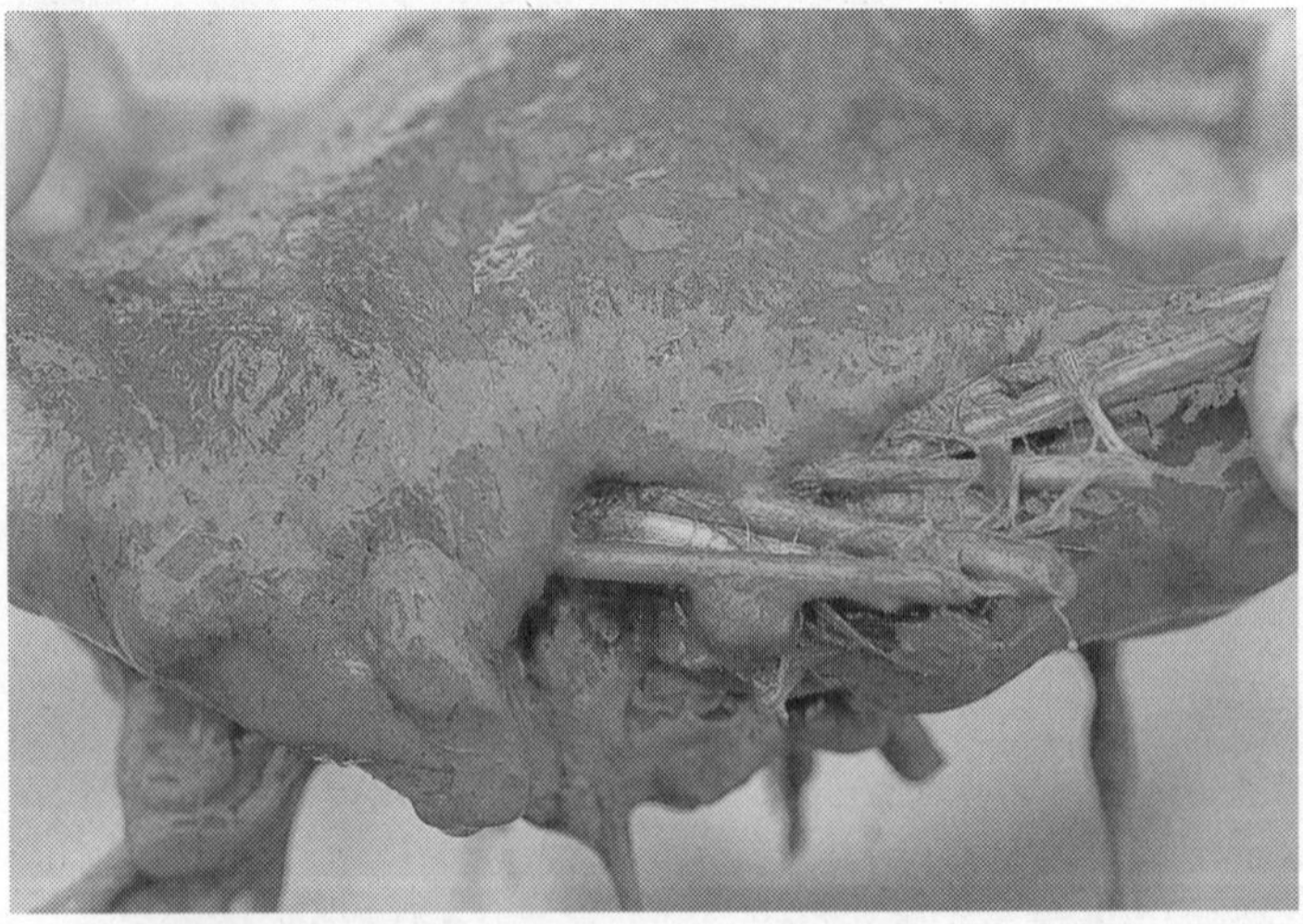

山形県・佐藤秀雄さんの微生物が盛り上げた超トロトロの層。不耕起なのに稲わらが自然に土の下になってしまった　（撮影　倉持正実）

藤本さんと今年のイネ。元肥は窒素１kgくらい。追肥なしなのに、まわりの田より色が濃い。穂が大きい。草に負けた田も少々はあるが、ほとんどは生育に支障がない程度ですんだ

は塩を好むらしい。

ミネラル四〇kgというのは、商品名「はねっこ」（(株)ウイング）。海の底に生物の死骸が堆積してできた土で、山形の佐藤秀雄さんが使っているものと同じものらしい。

マドラグアノ四〇kgは、海鳥の糞。昨年まではバッドグアノを使っていた藤本さんだが、今年の作から窒素の少ないマドラグアノに変えてみた。

冬のあいだも田んぼを乾かさない

これらをまいたら、あとは雨や雪を待つ。水尻も暗渠の栓も閉めてある。

山形の佐藤さんのところは、冬でも用水に水があるので田んぼに水を引けるが、藤本さんのところは秋から用水は止まっている。それでも日本海側は、冬になれば雨や雪がたくさん降るから、その水を逃さないようにしてやれば、田んぼの微生物は水分の多い土壌の中で活動できるはずだ。

じつは以前からそうやって、冬の田んぼを乾かさないようにしてきた。おかげで藤本さんの田んぼは、他の人より雪解けが早い。

そんな藤本さんだからこそ、ミネラルと塩

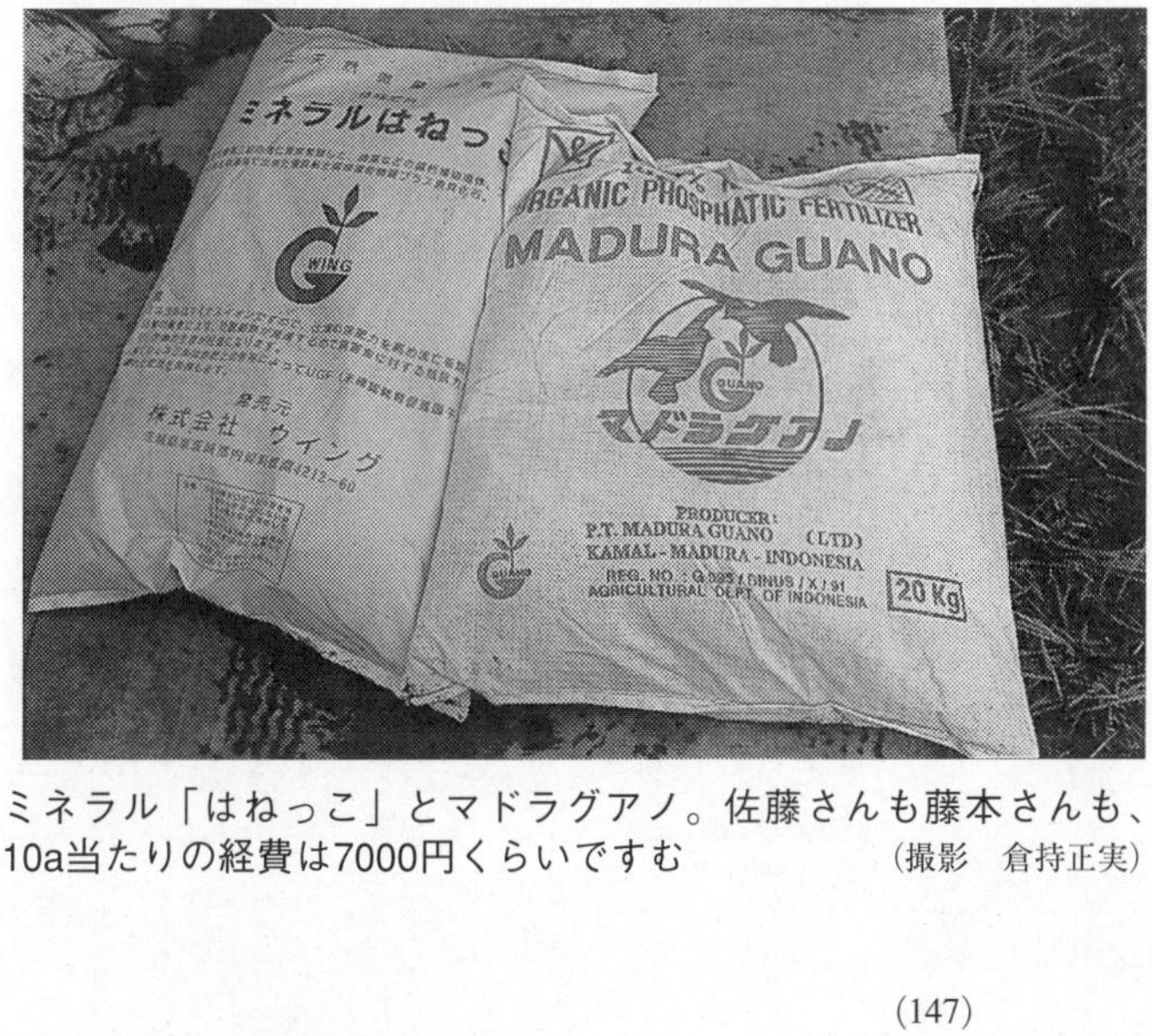

ミネラル「はねっこ」とマドラグアノ。佐藤さんも藤本さんも、10a当たりの経費は7000円くらいですむ　（撮影　倉持正実）

藤本さんが気に入っているのは「ゆうきくん」（ミキシングスプレッダ）。クローラで走れば、湿田ぎみの田んぼでも田面を荒らさずに散布できる。（スター農機）

をまいて湛水する佐藤秀雄さんの技術に、「これだ！」と反応したのだろう。これまで見たことのないくらいの「超トロトロ層」。あんな土をつくってみたい。

本当に代かきしなくても植えられるかも…

果たして、田んぼではねらい通りに冬の間、土ごと発酵が進んだようだ。年末に作業が間に合わなくて、二月になってからミネラルや塩などをふった田んぼもあったが、いい感じにトロトロになってきていた。

どうしても水が抜けやすい砂壌土の田んぼはイマイチだったが、ちゃんと水分の保たれた粘土質の田んぼは、確かに表層部でトロトロ化が始まっていた。

「このままいけば、田植えの頃までにはわらが隠れるくらいに土が盛り上がって、全面積ではないにしろ、本当に普通の田植え機で不耕起栽培できるところもありそうだな。微生物の力はすごい！」

ところが、春先の今年の異常干ばつで、残

米ぬかとミネラルと粉砕塩とマドラグアノという比重の違うものを、２本のオーガによって確実に混合できる

念ながらトロトロ層が干あがってしまった。乾きすぎて、ヒビが入ってきたところもあったので、結局、今年は不耕起を断念。例年通り、半不耕起で浅い代かきをした。

微生物がつくったトロトロ層の威力、米ぬか除草をやめた

だが、土自体はまるで変わった。

藤本さんの半不耕起は、最初から水を入れて、いきなりドライブハローをかけるやり方なので、普通の人の荒代・植え代に当たるものを含めると、都合三回代かきするようにも見える。さらに、そのたびに縦横二回がけするので、これまでも、かなり丁寧にトロトロ層をつくってきたつもりだ。そのうえさらに、米ぬかや木酢の力を借りて、微生物にも相当トロトロ層をつくってもらってきたつもりだ。

去年までは田植えのあと、除草のために米ぬかをまいていたが、今年はやめてしまった　（撮影　倉持正実）

　だが、今年のトロトロ層は違った。昨年から、土をなめてみることに凝っている藤本さんの感想では、一生懸命に代かきして「機械でつくったトロトロ層」は舌の上でざらつくが、「微生物がつくったトロトロ層」はざらつきが少ない。ましてや今年の「超トロトロ層」は、本当にクリーミイで、なめてもまったくざらつかなかったそうだ。

　さらに、機械でつくったトロトロ層は、田植え後しばらくすると草が生えてきてしまうのだが、微生物がつくったトロトロ層は長持ちする。本物のトロトロ層なら、かなり長く草が生えてこないから、田植え後の米ぬか除草はいらなくなる。

　今年は、米ぬか除草をやめた。一緒に散布していた木酢もやめた。それでもそこそこ草は生えなかった。去年よりは若干多いような気はするが、減収するほどではない。三〇町のうち三町分だけ動力除草機（カルチ）を押したが、あとは目をつぶれる程度の草だった。

肥料は元肥の魚汁のみ、追肥もやめた

今年のイネに入れた肥料は、暮れの米ぬかやミネラル類の他には、田植え時にソリブル

山形県・佐藤秀雄さんの秋のボカシ、ミネラル、塩の散布。中古コンバインを改造して散布機をつくった　（撮影　倉持正実）

（魚汁をペースト状にしたもの）を一五～二〇kg、側条施肥しただけだ。これの窒素は、せいぜい一kgくらいなもの。秋の米ぬかの窒素もわずかなものなので、元肥はこれだけだ（しかも、魚汁をやったのは、借りてまだ数年しかたってない田だけ。長くつくっている田は元肥ゼロ）。

さらに追肥もしなかった。色が落ちるかなー？と心配しながら見てはいたのだが、いつまでも葉色は濃いまま。とうとうそのまま出穂を迎えたら、大きな穂！　枝梗一三本、二一五粒もついている穂だってあるくらいなのに、周りと比べてひときわ色が濃いイネなのだ。

まったく肥料は足りないはずなのに、これだけのイネをつくる肥料はどこから来るのだろうか？

トロトロ層の生み出す肥料分というものがある。それが「土ごと発酵」の妙味ということだろうか？

土つくりとは田んぼを「発酵」させること

今年、除草機を押した田んぼ以外は、田植え後はいっさい田へ足を踏み入れていない。元肥一発、微生物様々。

「これからはもう、『土つくり』という時代じゃないですね。よそで一生懸命土つくりして、田んぼに入れるんじゃなくて、その場の微生物を活性化することですね。田んぼを発酵させるという感じかな。その分、労働が浮くわけで、そこで出てきた時間の余裕を、規模拡大や経営改善に役立てるとか、イネともっと近づくとかするのが、これからのイネつくりじゃないでしょうか」

来作は、秋にまく資材にくず大豆も三〇kgくらい加える。大豆に含まれるサポニンに、除草効果があると聞いたので、田んぼにサポニンを増やしておく作戦だ。そして、冬の間に水が抜けにくいよう畦つくりを早めにしっかりやる。今年のような異常干ばつにならなければ、来年は不耕起のまま田植えできるところもきっと出てくるだろう。

トロトロ層の可能性は限りない。

二〇〇一年十月号　超トロトロ層が、草を抑える肥料を生み出す

水田は肥沃さをたもつ

もともと水田の土壌は、畑にくらべると肥料分の消耗が少なく、無肥料でもそこそこの収穫は可能だ。川の水を引き入れるので、森林が生み出す養分を補給することができる。さらに、川上の田んぼの肥料分もはいってくる。

水中は嫌気状態なので、窒素分は比較的流亡しにくいアンモニア態のまましばらくとどまる。畑の作物は硝酸態窒素を好むが、イネの根はアンモニア態窒素をよく吸収する。地上部から根に酸素が供給されるので、水中でも枯れることがない。田んぼの土は長い年月をかけてねりあげられ、粘土状になっていて保肥力もある。

もともと水の中というのは、生命の生まれたところで、水田には、空中窒素を固定する微生物が多く生息している。細菌のアゾトバクターや光合成細菌（硫化水素も分解する）、窒素固定能力が高いラン藻類などである。これらは単独で生活していたり、植物と共生したり複雑な生態系を形づくっている。

古代文明の中で、現在まで絶えることなく続いてきたのは、水田という生産性の高い装置を発明した中国文明だけだ。（しかし森林がなくなれば、いつかは水田の土壌もやせていく…）

田んぼに一年中水をためておくと、こうした土壌を肥沃化する能力がたもたれるのではないだろうか？

あっちの話こっちの話

米ぬか除草 ドロドロに溶いてから流し込めばよく広がる

増川英徳

岩手県滝沢村の角掛辛一さんは、イネ、ホウレンソウ、ピーマンを栽培する若手農家。三年前から二町の田んぼのうち一町歩で、米ぬか除草をしています。

当初、流し込んだ米ぬかが風で寄ってしまいました。そこで、米ぬかをあらかじめ水でこねることにしました。

米ぬかの量は一反当たり六〇kg。まず、田んぼの水口のパイプの下にタライを置いて、米ぬか一五kgと焼酎〇・五ℓ、水一ℓを入れて、ハンバーグのたねをこねるときのように手で混ぜ合わせます。

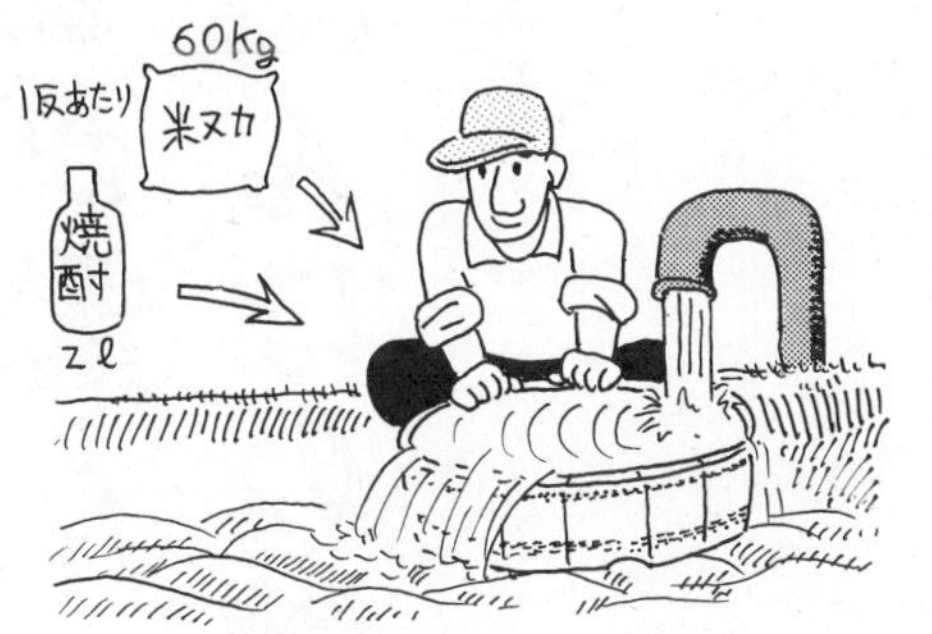

ドロドロに混ざったら、パイプの栓を開けて入水開始。タライの上からあふれる水といっしょに、米ぬかが広がるようにします。広がったら水を止め、再び材料を加え、繰り返すこと四回。約三〇分で六〇kgを均一に流し込むことができます。

無除草剤でもヒエ以外の雑草は完璧に抑えられるし、おばあちゃんいわく「土がトロトロになっているからヒエを抜くのもラクだよ」とのことです。「高い一発除草剤を使っても草が抑えられなくて、結局、何度もまくことになり、反当たり一万円分近く除草剤を使っていたころもあった。ところが、米ぬか除草を始めてから一〇俵どりは維持したまま、除草剤代はタダになった！」と、角掛さんは自信を深めています。

二〇〇二年五月号　あっちの話こっちの話

モグラも嫌い彼岸花 球根を刻んで、米ぬかと混ぜてうない込む

岩田浩嗣

埼玉県妻沼町の神山明さん（五八歳）は奥さんと二人でネギやニンジンを作っています。神山さんのところもやはりモグラには頭を悩まされているとか。モグラがトンネルを掘ると、土が持ち上がってニンジンがタコ足になってしまうのです。

どうしたものかと困っていたところ、同じ悩みを持つ知り合いの人からこんな方法を聞きました。

彼岸花の球根を刻んで陰干ししたものを粉にして、米ぬかと混ぜて畑にうない込むのだそうです。これでモグラが寄らないとのこと。

確かに効果はありそう。神山さんもこれから試してみるつもりです。ただしこの球根、人がそのまま口に入れても毒になりますので、取り扱いにはご注意。

一九九四年十月号　あっちの話こっちの話

イトミミズが働く田んぼの世界

（参考『農業技術大系・土壌施肥編』第一巻・イトミミズ（栗原康））

編集部

藻類や微生物が豊富なので、ミジンコなどの小動物もふえる
イトミミズの一種のエラミミズは、細い毛（エラ）がある
のタネはトロトロ層
下に埋まってしまい，
芽できなくなる
イトミミズが口に入る程度の土の粒子を食べ、それが糞としてさらに細かくなって排出されながら、表層の泥がトロトロになっていく
イトミミズが泥を攪拌することで、表面に酸化層ができにくくなる

イトミミズは、有機物が表層に多い不耕起・半不耕起田、米ぬかなどを表面施用した田んぼなどに多い。イトミミズが盛んに尾を振り動かすことで、表面にはたくさんのクレーター（くぼみ）ができる
（撮影　倉持正実）

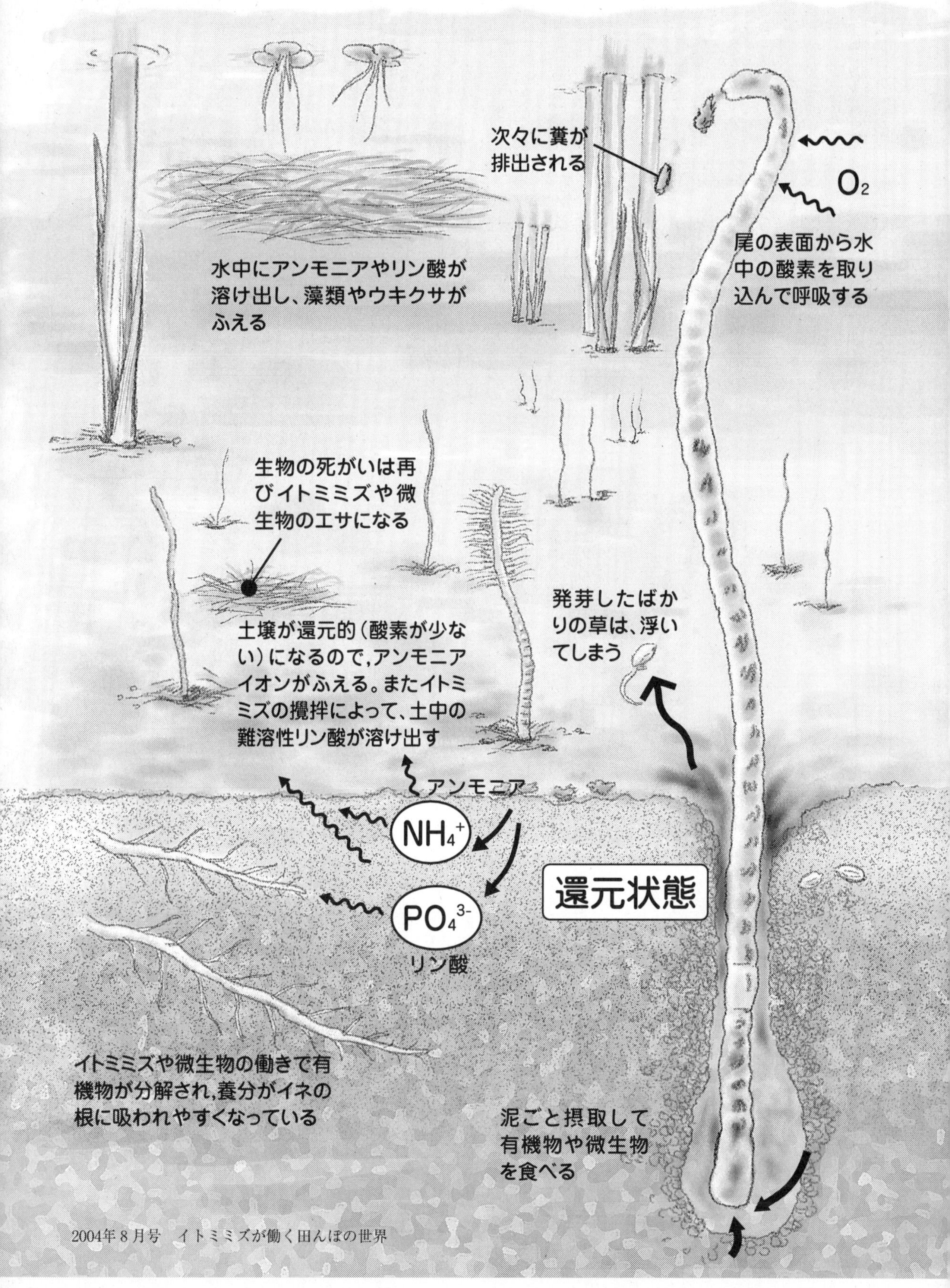

2004年 8 月号　イトミミズが働く田んぼの世界

米ぬかでイトミミズがふえ、イトミミズが雑草を抑える

栗原康（奥羽大学教授、東北大学名誉教授）

有機物が多いとイトミミズがふえる

多くの農家が知っているように、イトミミズは春から晩夏にかけて水田の泥の表面でひらひらと動いている。畑のミミズよりずっと小さく、のびた時でも一〇cmに満たない。頭を下にして泥の中に生息し、尾を水中につき出して活発に動かしている。水中の酸素を尾部の表面からとり入れて呼吸する。

イトミミズの生態であるが、イトミミズの産卵適温の下限は八～一〇℃、最適温度は一五～二五℃で、三〇℃以上では産卵は抑制される。三月から六月にかけての春の産卵期と、九月から一〇月にかけての秋の産卵期があり、夏の高温期には産卵が休止すると思われる。

飼育実験によると、生理的寿命は四～六年と推定されるが、高密度の個体群では飼育二年目から顕著な減少がみとめられることから、生態的寿命は一～二年と思われる。

イトミミズは渇水期には、三〇cm下層の砂質部に移動して集団をつくって生息する。したがって落水期間中の水田では、すき床層に移動する。彼らは成体で越冬し、乾期、冬期にはすき床層に潜伏するものと思われる。

水田土壌中の有機物量と、すき床層におけるイトミミズの存在が水田での多発の条件であることを示している。

イトミミズが雑草のタネを埋めてしまう

イトミミズは頭部を下にして還元層の泥を摂取し、その中の微生物や有機物を消化吸収して表層に糞を排泄している。いわばコンベアベルト的な、土壌の移送を行なっている。

この場合、大きな粒子はイトミミズの口に入らないから、小さい粒子のみが選択的にとり込まれ、腸管を通過して糞として上層に運ばれる。したがって、下層の土壌は粒径の粗いものが多くなり、上層の土壌は粒径の細かいものが多くなる。

イトミミズによる土壌粒子の移送を考えるとき、表層に存在する雑草の種子が大きくて、イトミミズに摂食されない場合には、排泄される糞に埋め込まれて、徐々に下層に移行することが考えられる。実際に、コナギの種子を土壌表層に散布し、イトミミズを約二個体／cm²の密度で移入したところ、種子がだんだんと土中に埋められることを観察した。

この場合、種子は還元層に埋められるので、酸素の供給が絶たれ、発芽は抑制される。また、仮に表層にとどまって発芽したとしても、イトミミズの尾部の運動によって倒伏し、根の定着がさまたげられる。

雑草（タマガヤツリ）の種子をポット中の湛水土壌の表層に置き、さまざまな草丈にまで生長した後に、イトミミズを約二個体／cm²の密度で移入したところイトミミズは草丈五mm以下のものは消滅させるが、三〇mm以上にまで生長したものに対しては何ら抑制効果を示さなかった。つまり、イトミミズの攪拌による除草効果は、雑草の芽生えの時期に限定されるのである。

イトミミズによって収量がふえる

以上のことから、イトミミズによる除草のしくみは次のように要約できる。

①土壌のコンベアベルト的移送による、種子の還元層への埋込み

②土壌表層の攪拌による芽生え初期の雑草の倒伏

ふつう水田では、作付けは直播と田植えの二つの方式によって行なわれるが、前者では当然、イトミミズによる埋込みもしくは倒伏が考えられるから、イトミミズはイネにとっての害虫となる。しかし後者では、雑草を除去するという点でむしろ益虫と見なすことができる。

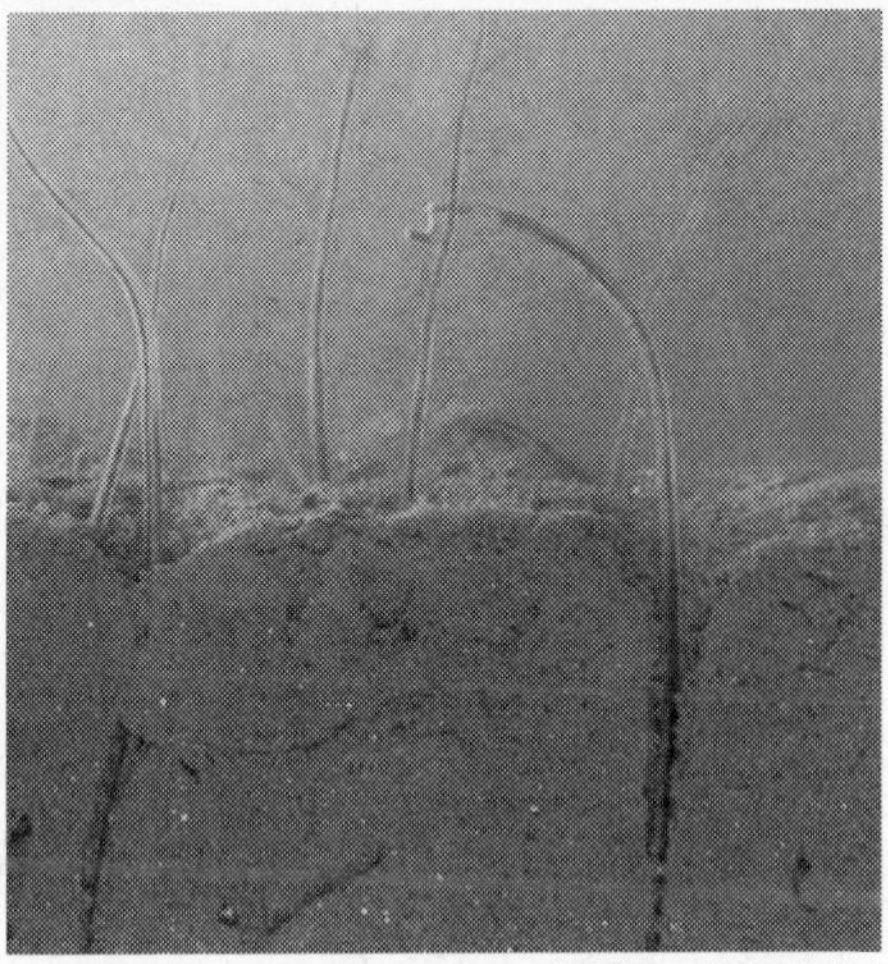

（撮影　赤松富仁）

実際にイネを植え雑草を手で除去した二つのポットを作製し、一方にはイトミミズを入れ、他方を対照区にして、イネの生長を比較した。すると、イネはイトミミズによって被害をうけないどころか、むしろ高い乾重を示した（菊地・栗原、一九七四）。

この結果をどう解釈するか今のところ困難であるが、後で述べるように、イトミミズが土壌中のアンモニア態窒素、リン酸の濃度を高めることと関連があるのかもしれない。

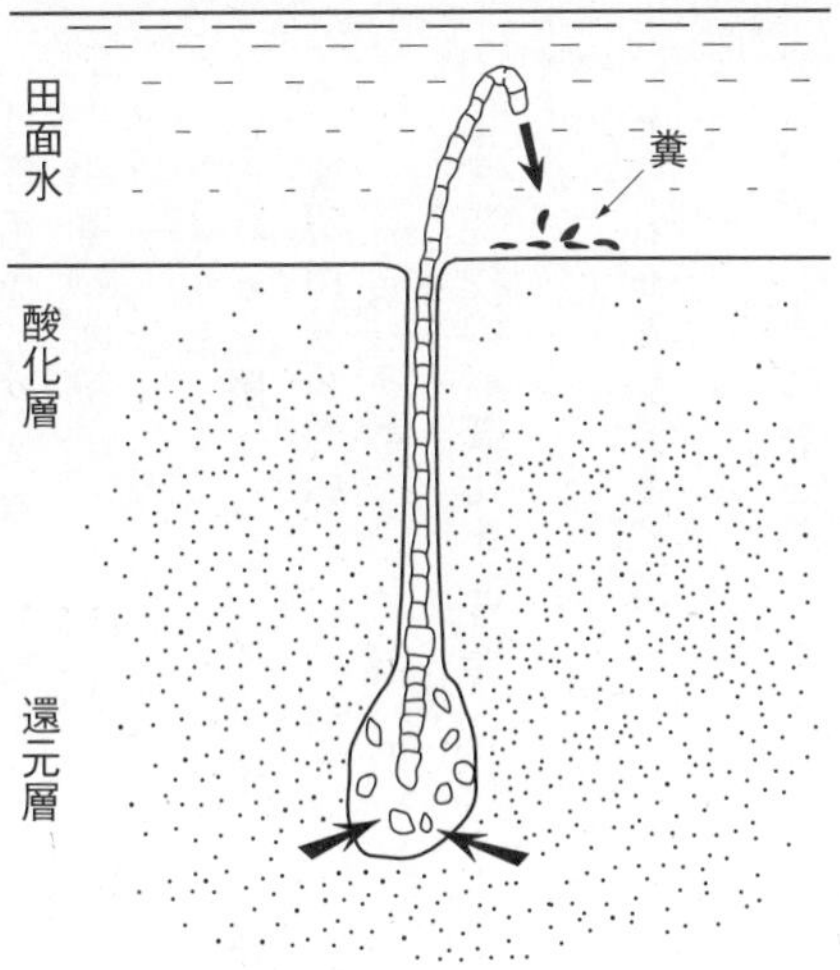

図1　水田土壌でのイトミミズ
イトミミズは泥の中で頭を下に尾を上にして生息し、泥中の養分を食べて泥の上に排泄する

アンモニア態窒素、リン酸が増加

イトミミズの有無と、無機態窒素の経時的変化を比較すると、土壌中のアンモニア態窒素濃度はイトミミズ区で著しく増加した。これは、土壌有機物の分解にともなうアンモニア態窒素の蓄積と、イトミミズによるアンモニア態窒素の排泄によるものと考えられる。

このように、イトミミズによって有機物分解が促進され、土壌中のアンモニアイオンが増加すれば、これらは水中へ移行し、田面水中の藻類やその他の植物を繁茂させる。

そのほか、イトミミズが存在すると、水中のリン酸の増加がみとめられたが、これもイトミミズによる土壌の還元化と酸化層の破壊および攪拌によって、土壌内のリン酸が水中に溶脱したためと考えられる。そして、水中リン酸の増加は田面水中の藻類とその他の植物の増殖要因と見なすことができる。

ところで、水中の酸化態窒素は、培養初期にはイトミミズによって抑えられ、後期（約二カ月後）になって高濃度の酸化態窒素が検出された。このような酸化態窒素の初期の低下の原因について、イトミミズによる脱窒の促進によるものと説明されている。

イトミミズの水田環境への作用

イトミミズは土壌有機物を摂取して増殖し、雑草の種子を埋め込み、あるいは芽生え初期

のものを倒伏することによって除草する。そのため雑草による酸化作用が低下し、結果としてイトミミズは土壌を還元的にする。

このような土壌では有機物も多いので、アンモニアイオン、リン酸、二価鉄、硫化物、発酵産物も多くなり、またイトミミズの排泄物によってアンモニアイオン濃度も高くなり、しかもイトミミズの攪拌運動によって酸化層が破壊されるために、アンモニアイオン、リン酸、二価鉄やその他の有機物は田面水に移行しやすくなる。

この場合、田面水中のアンモニアイオン、リン酸はアオミドロ、クラミドモナス、ユーグレナのような藻類やアオウキクサなどの植物によって吸収され、田面水中の植物の現存量は増大する。また、イトミミズの攪拌力によって、有機物や土壌細菌も田面水中に放出されるために、水中の細菌量も増加する。田面水中の細菌と藻類が増大すれば、これらを捕食するミジンコ類などの水中動物も増加する。

そして、田面水中の藻類、植物、動物およびイトミミズは遺体となって土に還元されると土壌有機物量は増加し、再びイトミミズに利用されて、いままで述べたサイクルが繰り返されるものと考えられる。

このように考えると、イトミミズの存在は、

①田面水中の藻類、細菌、アオウキクサ、小動物を増加
↓
②これらは遺体となって土壌に還元されて有機物量を増加
↓
③有機物の無機化を促進
↓
④これらを田面水に放出
↓
再び田面水中生物を増加

というループを形成することがわかる。（図3）

一方、イトミミズがいなければ、土壌中のリン酸、アンモニアイオンのような栄養塩類は雑草に吸収され、雑草の酸化力によって土壌は酸化的になり、表層には酸化層が形成される。したがって、土壌から田面水への物質の移行はさまたげられ、田面水中の藻類、植物、動物の現存量は低下し、その結果土への有機物還元量も低下する。そして土壌中の栄養塩類は田面水よりは雑草へ移行し、その結果としてイネは雑草と競争することになる。

土壌施肥編　第一巻　イトミミズ（土壌小動物の利用）より抜粋

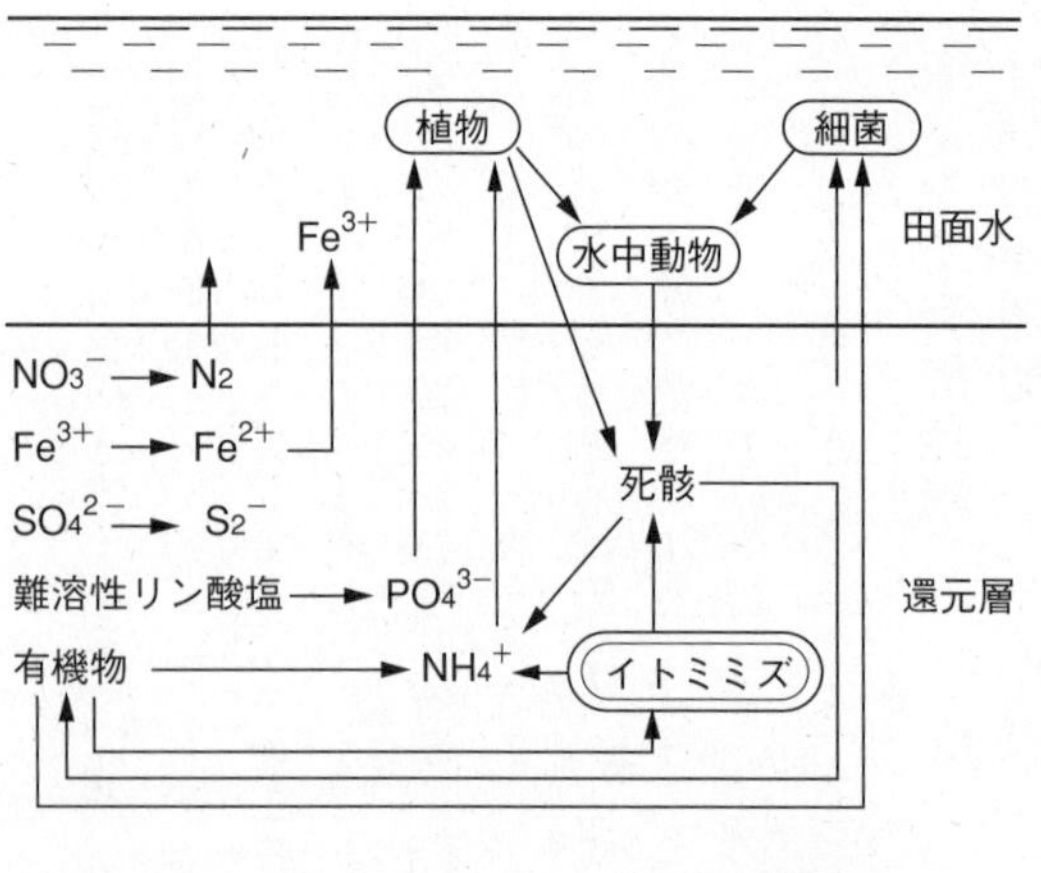

図2　イトミミズをふくむ水田の物質変化

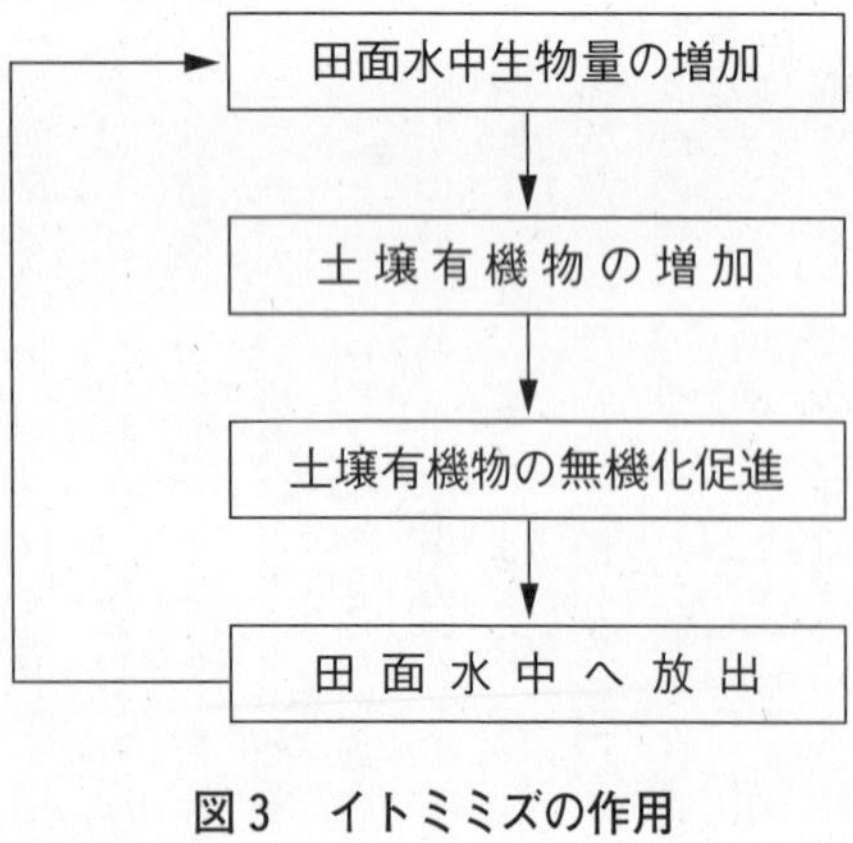

図3　イトミミズの作用

どうして米ぬか・くず大豆で除草ができるのだろうか？

測ってみました田んぼのpH・EC・酸化還元電位

宮城県田尻町　佐々木陽悦

佐々木陽悦さんは、米ぬか・くず大豆を散布してからは、毎朝８時15分に診断キットを持って田んぼに来る。三枚の田でpH・EC・酸化還元電位を測り終えるのに約30分。「やってみるとおもしろいですよ」（撮影　赤松富仁）

米ぬか除草のメカニズムが知りたくて

無農薬・無化学肥料栽培の一番の課題は、除草技術で、これができれば八割がた解決されたといってよい。

近年、米ぬかやくず大豆を使って、除草剤以上の成果を上げている場合もある。しかし圃場やその年の気候条件により、どうしても効果に差が出てしまう。

抑草のメカニズムがいったいどういうものなのか、自分自身でつかんでみたかったので、米ぬかやくず大豆をふった田んぼの水のpH、EC（電気伝導度）、酸化還元電位（ORP）を毎日測定してみた。

すると、米ぬか・くず大豆はそれぞれ異なった反応があり、その特徴を理解しながら使用すると成果につながるのではと感じたので、報告しておきたい。なお、数値は簡易測定器によるものだし、私の測定技術も未熟なので、傾向を知るものとしてご理解いただきたい。

米ぬか区と、米ぬか＋くず大豆区

今回調査に使ったのは一区画が一〇aで、完全無農薬にして三年と四年が経過した有機稲作実施圃場である。抑草技術としては次のような技術も同時に実施するよう心がけた。

①秋に耕起・砕土して、乾燥と凍結により多年生宿根雑草を抑制
②代かきを二～三回丁寧にして、トロトロ層作り
③田植え時期はできるだけ遅くして、雑草の生える期間を短くする
④田植えは、植え代かき翌々日までに。代かき後は落水しない
⑤田植え後は深水管理とし、七日以内に米ぬかや大豆を散布する

今回の実験圃場は、「米ぬか・くず大豆各四〇kg区」と「米ぬか八〇kg区」を比較したものである。当初一圃場ずつで始めたのだが、くず大豆を散布後、急にECが変わったので間違いかと思い、もう一カ所測定。結局くず大豆は二カ所での測定となった。

測定場所は、水口の反対側のアゼの真ん中辺。測定時間は毎日午前八時と定めた。一日の間でも数値が大きく変わるようなので、毎日決まった時間に測ったほうがいいようだ。

昨年は、その他、生きもの調査も目で見える範囲でやってみた。

図1　米ぬかやくず大豆をまくと、田んぼの水はどう変わる!?

——簡易測定器で測定

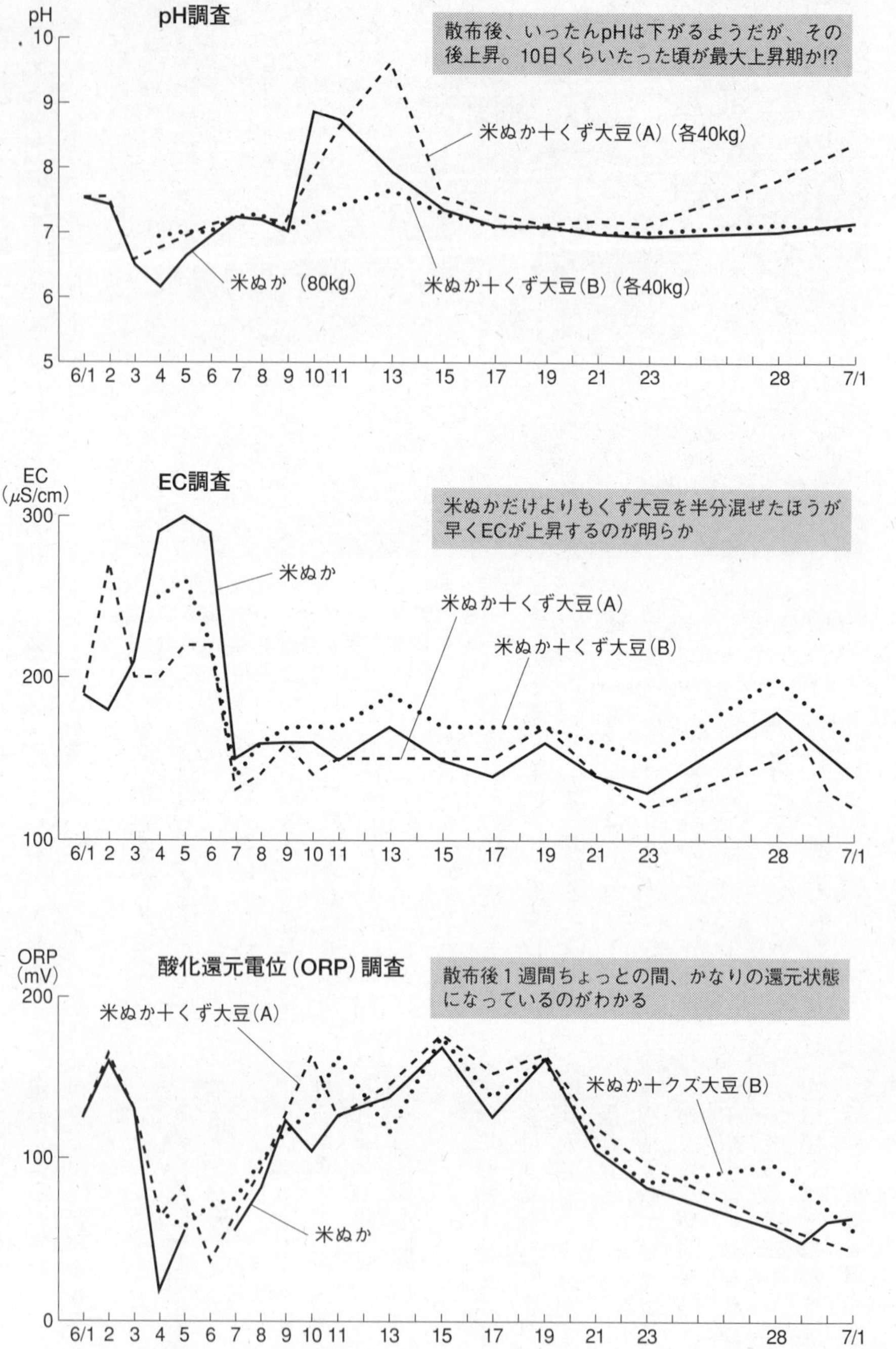

・田植えは5月20～21日、4.5葉苗（まなむすめ）。
・米ぬかもくず大豆も6月1日に散布。
・測定は簡易測定器を田の水に浸けて測ったもの（だいたい表面から5cmくらいの水を測ったことになる）。簡易測定器はそれぞれ1万～2万円で買える。

調査の結果は…、草にはバッチリ、特にくず大豆が効いた

抑草効果のほうは、昨年は米ぬかもくず大豆もよく効いた。だが、くず大豆のほうがよりよく効いた。くず大豆を試した集落の仲間もみな、昨年は草に苦労することはなかった。

私の圃場では、毎日測定したおかげで深水管理が正しくでき、ヒエについてはどちらもほとんど見られなかった。しかしコナギだけは、米ぬかだけの圃場に多く見られ、大豆の効果がはっきりしたといえる。

大豆や米ぬかは雑草の生育初期に散布すべきなので、植え代かき後七日までにと決めていたのだが、昨年は強風が続き一〇日目となってしまった。心配したのだが、気温も低く草の動きも鈍かったためか、良い結果が得られた。

大豆を散布したのは初めての経験だったが、翌日には水を含んで大きくなり、七日目頃にはまわりに黒い菌糸?も確認できた。田んぼの周囲を歩くと腐るにおいがしてくる。米ぬかだけのほうはにおいがしても「発酵」という感じで、そんなにいやな感じでないのだが、大豆のほうのにおいはかなり強烈で「悪臭」という感じがした。

米ぬか区は、四日目あたりから水が白くにごって底が見えにくくなる。水の色を比較すると、大豆+米ぬか区は、米ぬか単独よりも、どの圃場でも茶褐色で、すぐ判断できる。両区ともにごったまま七月を迎える。

このにごりは一年目の圃場では色が薄く、ボカシ等を使っても引き出せない。年が経過する中で蓄積された微生物の差ではないだろうか? この差は抑草効果にも表れ、一年目の水田では手押し除草機を押した圃場もあ

pHの下降と上昇

pH（ペーハー、ピーエッチ）とは、水素イオン（H^+）濃度のことで、pHの値が高いのはH^+濃度が低いこと、pHが低いのはH^+濃度が高いことをあらわす。純水のpHは7で中性、7より小さければ酸性、大きければ塩基性（アルカリ性）である。酸とはH^+を与える物質、塩基とはH^+を受け取る物質。

米ぬかや大豆を田んぼに入れると直後にpHが下がるのは、乳酸発酵によると思われる。乳酸は強い酸。その後上昇に転じ強アルカリにむかうのは、これらに含まれるたんぱく質が分解してアンモニアの濃度が高まったためと考えられる。

ＥＣ＝塩基類の濃度

ＥＣは水溶液中や土壌溶液中の電気伝導度のことで、これによって塩基類（カリウム、カルシウム、ナトリウムなど）と硝酸イオン濃度が推定できる。田んぼに米ぬかや大豆を入れると、pH、ＥＣも高まることから、これらの有機物が分解して、水中のアンモニア、塩基類の濃度が高くなっていると推察される。

酸化還元電位＝水中の酸素の濃度

酸化還元電位とは、ある物質がほかの物質を酸化する力あるいは還元する力の強弱を表し、数値が高いほど酸化させる力が強く、数値が低いほど還元させる力が強い。

酸化するとは、①酸素を与えること、②水素を奪うこと、③電子を奪うこと。還元するとはその逆で、①酸素を奪うこと②水素を与えること③電子を与えることである。

米ぬかやくず豆を散布した直後に酸化還元電位が低くなるということは、酸素が少なくなったということで、酸素呼吸をする生物（好気性の生物）は生息できなくなる。さらに、酸素のない状態で有機物が多く存在すると、メタン菌や硫酸還元菌など嫌気性微生物の働きで有害ガスが発生し、ますます好気性の生物は生きることがむずかしくなる。

る。

たしかに散布後pH・ECは上がり、還元状態になる

大豆や米ぬかの抑草機能には、酸素や光のしゃ断や抑制、有機酸、何らかのアレロパシー等がいわれているが、測定値はそれを裏付けているようにも思える（図１）。

pHは、散布直後はいったん下がる（酸性になる）が、その後上昇に転じ、一〇日後ぐらいが最高になる。

ECは、大豆を散布した圃場で急速に上昇するのが特徴で、米ぬかだけの圃場のほうは二日ほど遅れてあらわれる。どちらも七日目頃に減少していく。

酸化還元電位は四日目から減少し、六日くらいが最も低くなっている。比較すると米ぬかだけの圃場では六日に測定不能と出ているが、水は白くにごり、乳酸発酵でもしているようである。このような異常還元状態では有機酸や硫化水素が発生し、草をおさえてくれるものと考えられる。しかしイネの生育にもひびいているようで、最初は少し停滞している。

大豆は米ぬかより早効き

大豆と米ぬかを比較すると、大豆のほうは散布した次の日からECに変化が表われる。いずれにしても米ぬかより「早効き」ということはいえる。米ぬかのほうはコナギが残ったのに大豆だと効いたのは、コナギの発芽のタイミングに分解の速い大豆が間に合ったからではないだろうか？

「米ぬか除草をしようと思ったのに、散布が遅れてしまった」ときは、くず大豆を少し混ぜる方法が有効かもしれない。ただしくず大豆は量を多くしすぎると、窒素が多くなりすぎて倒伏や食味に影響する可能性もあるので、配慮が必要だ。

一日のあいだにpHがくるくる変わる

一日のpHの変化を見ると、「田んぼは生きている」ことを実感する。図２のように、朝から昼にかけ二～三ポイントも上昇し、夕方また下がっていく。

これは日中、アオミドロなど藻類が光合成によって、水中の二酸化炭素を減少させるためだ。二酸化炭素が水にとけ込んだ炭酸は、微酸性をあらわす。

図は省略したが、酸化還元電位も日中低下する。温度上昇によって還元状態がすすむのだろうか？　確かなことはわからない。

図２　1日のうちでも測定値は大きく変動（6月13日測定）
――田んぼの水は生きている

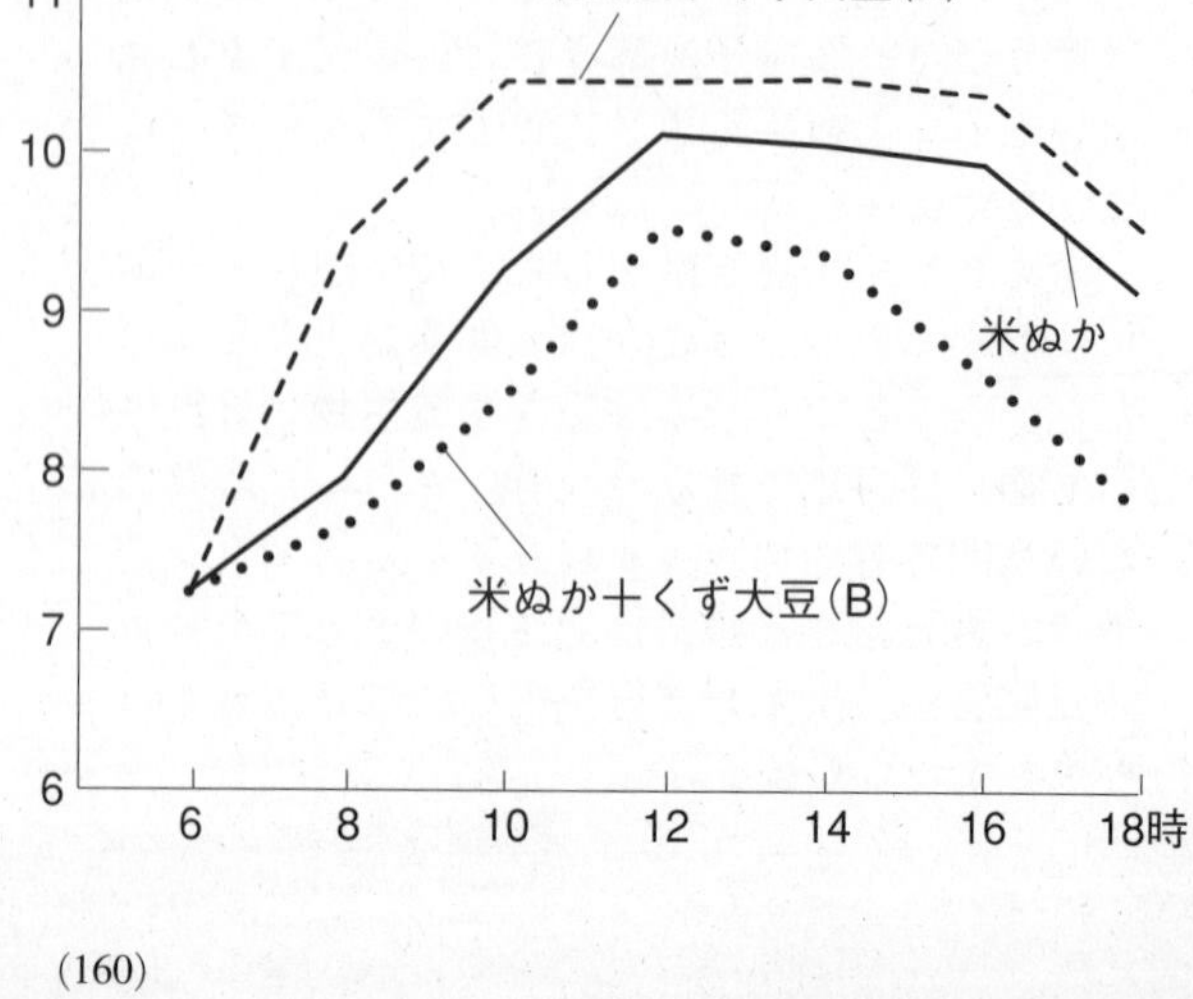

田んぼが生きものワンダーランドに

六月二十二日小雨の朝、ツバメが有機水田の上を乱舞。ユスリカの群れをめがけて来るのであろうか。急いでカメラを持ってきてシャッターを押す。感激する時間である。

六月末、ヤゴがイネに登り、トンボに羽化する姿が無数に見られる。孵化したばかりのフナが泳ぎ、ドジョウやオタマジャクシ、ゲ

ンゴロウやヒルがあらわれる。水田は豊かな世界に変わる。

米ぬかやくず大豆を散布すると、一時的に生物に影響があるのは確かである。特に大豆のほうは、散布後、カワニナやオタマジャクシが死んで、浮いてくる現象が見られた。米ぬかだけのほうは大きなミジンコが多く、色もきれいであった。

だが、六月末になるとカワニナは復活し、普通の水田では考えられないほど大幅に増加。一時ダメージを受けても、一カ月もすれば回復して、豊かな生物世界が展開するという点は、化学農薬による除草と明らかに違うところである。

米ぬか・くず大豆での抑草を成功させるには、アゼのしっかりした水田でなければならないし、深水管理に耐えられる苗でなければならない。だが、それらの条件さえととのえば、これは誰でもできる技術として定着する可能性を秘めている。私の周囲では、代かき前の散布と組み合わせて成功している事例もあり、やり方はいろいろだ。

今年も調査を実施するつもりだが、全国の仲間が結果をもち寄れば、より確実なものとなると思う。

（宮城県遠田郡田尻町通木字山崎一〇二）

二〇〇二年五月号　測ってみました　米ぬか・クズ大豆除草の田んぼのpH・EC・酸化還元電位

茶褐色の濁り（６月13日）

アオミドロも発生し始めた（６月13日）

濁りはずっと続いている（７月１日）

あっちの話こっちの話

米ぬか風呂で石けん要らず！肌はしっとりすべすべ

福井達之

秋から春先にかけて肌が乾燥して困る方も多いはず。中には乾燥によってかゆくてしょうがないという方もいます。そんな方に良いお知らせ。

島根県匹見町に住む斎藤ソノさん（七四歳）もそんな人の一人。毎年コールドクリームなど様々な薬を塗ってみるものの、いまいち効果があがらなくて困っていたそうですが、米ぬか風呂に入るようになったらもうそんな心配はなくなったそうです。

やり方は、手ぬぐいで作った二〇cm×三〇cmくらいの布袋に米ぬかを入れ、それをお風呂に入れお湯を沸かすそうです。

とぎ汁みたいになったお風呂につかれば肌はしっとり。ソノさんはさらに、同じように作った米ぬかを入れた小さな布袋で、石けんも使わず体を洗うそうです。石けんで体を洗った時のような突っ張り感もなく、肌もすべすべするとのこと。今ではクリームなど一切使わなくても、肌の乾燥に困ることはないそうです。

一九九八年十二月号　あっちの話こっちの話

米ぬかで柱ピカピカ！

黒ずんでしまった柱の汚れも落とします

山辺将夫

兵庫県養父町に住む、服部優子さんが、二五年前、家を新築したとき大工さんから教わり、いまでも続けている米ぬか活用法は、ちょっと変わっています。

米ぬかをフライパンで五～七分炒り、古いストッキングに入れ、柱にすりつけるのです。すると米ぬかがワックス効果を果たし、柱にツヤが出て、柱は何年たってもピッカピカ！　米ぬかが、ヒノキにしみ込んで、手あかがつかなくなるそうです。

先日は、黒ずんでしまった柱に、「落ちないかな」と思いながら、試してみたところ柱が白くなったとか。

自然なものだから安心して使える、と優子さん。汚れが落ち、ワックス効果もある米ぬか。これでもう、市販の洗剤もワックスもいりませんね。

二〇〇一年十月号　あっちの話こっちの話

Part V 病害虫を防ぐ

菌体防除――微生物が病原菌をおさえる

畑の土に米ぬかをまくと、こうじのように白いカビがはえる。不思議なことに、これで病気がでなくなる

マルチをはがして草刈りしたあとに、米ぬかをまく。そしてすぐにかん水する。使っている米ぬかは酒造会社で酒米用に精米されたもの。米の芯まで削っているのでちょうど上新粉のようになり、色も若干白っぽい

ブドウ園に米ぬかをまくと…

糖度があがり灰かびも抑える

山梨市　野沢昇さん　編集部

（撮影　赤松富仁）

山梨市の野沢昇さん（四五歳）はブドウ一・五haを経営する専業農家。県の指導農業士もやっていて、あちこちの園地で指導してまわる立場なのだが、困っていることがあった。

それは、「ルビーオクヤマ」のハウスに出る灰色かび病だ。

以前は、開花が始まる四月中旬から五月にかけて発病し、房だけでなく、葉までがやられていた。

それが、ここにきて少しずつ減っている。その理由が追肥に使っている米ぬかにあるという。

米ぬかをハウスに全面散布

その日、野沢さんは一回目の摘粒と整房作業の真っ最中。

地面をみると、米ぬかに白いカビがはえ始めたところだ。土の上に、クモの巣が厚く張ったような感じだ。近づいて見ると、綿菓子のような長い毛足が出ていて、その先に小さな胞子がついている。そして、米こうじのような甘い匂いがむんとする。この状態が二週間ほど続くそうだ。

米ぬかは年に二回散布する。一回目は二月中旬に萌芽を見てから。二回目の今回は、実止まりを確認してから化成肥料の追肥（一六―一四―一〇を二〇kg）をやり、そのあとに米ぬかをハウス全面にふってまわった。

使っている米ぬかは酒造会社からゆずってもらったものだ。この二三aのハウスに、一

回目、二回目ともに三〇袋（一袋二〇kg入りなので六〇〇kg）ずつ使った。

花ぶるいが心配なので、まく時期は実止まりを確認した後にしている。これから肥大する実にしっかり効かせたいという追肥的なねらいもある。それに、その頃になれば、地温は二〇度を超えて、米ぬかが発酵しやすいのだ。

まき方は袋を左右に振りながら、全面にちらすだけ。ただし、灰かびを防ぐ目的だけなら、米ぬかで土の二割ぐらいを覆えばいいのではないかと考えている。

野沢昇さん。ブドウを1.5ha栽培し、県の指導農業士もやっている。米ぬかを果樹園全体にまくようになったのは5年前から

米ぬかは遅効きしない

米ぬか以外の施肥は、八月のお礼肥（鶏ふん反当一〇〇kg）、十月の元肥（牛ふん堆肥反当二t）というふうに、周りの人とまったく一緒だ。だから、米ぬかはプラスアルファの味のせ資材という位置づけだ。

はじめのころは、米ぬかは油カスと同じで、「遅効きしたり、枝が伸びるのでは」と不安だったが、実際にやってみるとまったくそんな心配はなかった。

だいたい二～三本の樹に一袋の割合で使うようにしているが、去年、収量が上がった樹には「もうけさせてくれてありがとう」

米ぬかから出たカビの菌糸。綿菓子のようだ

米ぬかをまく量はこれぐらい。5月10日、撮影のためにいつもより遅くまいてもらったが、枝があばれるようなことはないそうだ

右の房が左の大きさになるまで約3日かかるが、その間に米ぬかをまくようにしている

という気持ちもあって、一袋まるまるあげてしまうこともある。

米ぬかを土に入れると、土がねばっこくなるという人もいるが、もともとここは粘土質の土なので気にしていない。

米ぬかをまけば糖度が二度上がるよ

最初に米ぬかを使ったのは一〇年前だ。

「米ぬかをまくと、ブドウの糖度が二度上がるよ」

と聞いたのだ。

ブドウは主に農協出荷だが、少し宅配もしている。お客さんに「おいしいブドウを食べてもらいたい」と思い、試してみることにした。奥さんの実家から、米ぬかを二袋わけてもらい、四～五本の樹にまいてみた。

すると、例の白いカビが出てきたのでびっくり。「あわてて管理機を回した」そうだ。「灰かびをさらに広げてしまうのでは」と心配したのだ。

しかし、それは取り越し苦労で、そこだけ灰色かび病がひどくなるということはなかった。逆に、宅配で毎年届けているお客さんに「今年のはおいしいねー」と言われた。

こうして、年々米ぬかをまく面積を広げていった。五年前に、酒造会社からたくさんゆずってもらえることになり、それ以降は畑全体に散布するようになった。

ねらいどおり糖度が上がり、色もよくのる

本格的に始めると、いろいろな変化に気付いてきた。

まずはねらい通り、ルビーオクヤマの糖度が上がってきた。米ぬかをやっていない人と比べ、

これが灰色かび病。まずは雄しべの葯について房に悪さする

二度ぐらい違うのではないか。市場出荷の場合、色がついた時点で早く出してしまうが、そうでなければ二〇度はいくとみている。

また、裂果も減った。早くから糖度がのって、果実ができるからだ。色もよくのるようになった。

そして、下から見ると、葉脈がくっきり見えるようになった。こんなに葉脈は太かったのかな、と思うほどだ。

ルビーだけではない。巨峰は二tならせても赤熟れしない。安心してならせることができる樹になった。雨年で多くの人が泣いた昨年も、野沢さんの巨峰は秀品率七〇％以上だった。

米ぬかの効果はまず、品質の上昇となってあらわれた。

農薬散布が半分になった

だが、それだけではなかった。あれほど悩んだ灰色かび病の発生も、米ぬかで抑えられるようになったのだ。

以前は、ハウスの中に、いつも灰かびが出る〝灰かびエリア〟があった。そこは暖かい空気が流れ込み、しかも重油タンクがあるところだ。暖房機が止まって冷めてくると、重油タンクの表面に汗をかいて周りの湿度が高くなるのだ。

ブドウの房に灰かびがでると、重さはふつうの半分以下、二〇〇g程度にしかならない。さらに葉までやられると、色がこなくなってしまう。

だから、灰かびを見つけたら、すぐさまロブラール水和剤を下からかけていた。灰かびの防除だけで、農薬散布を四～五回していた。それだけかけても、湿気でぬれているところへ散布するので、あまり効果がなかった。

さらに、灰かびの巣を作らないように、切った房まで全部ハウスの外に持ち出していた。ところがあるとき、米ぬかにはえている白いカビの上へ、灰かびの被害果を置いておくと、灰かびがそれ以上大きくならないことに

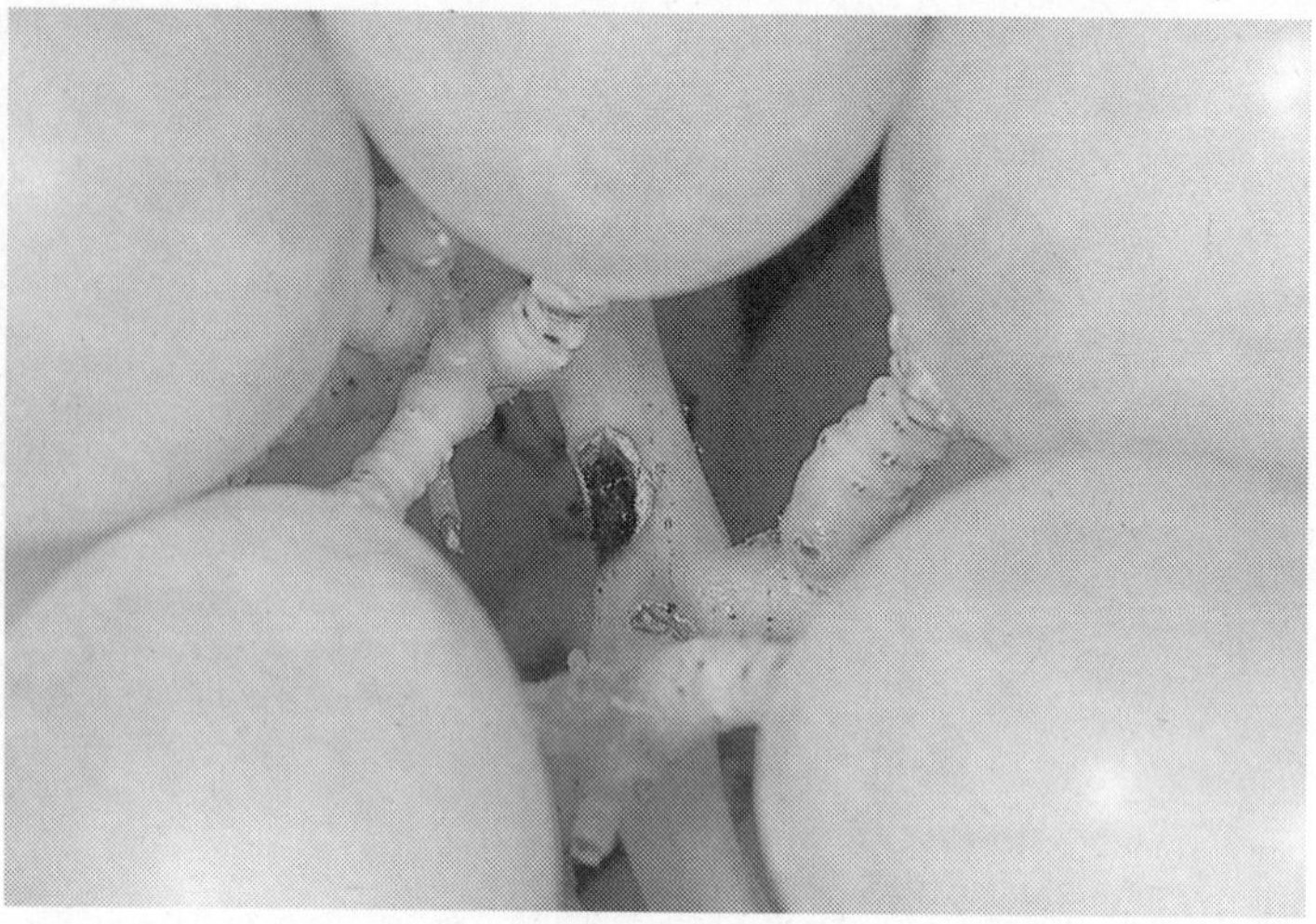

米ぬかの効果なのか、灰かびがついたところも乾いて止まっていた

気づいた。今から五年前のことだ。

「灰かびはふだん土の中にいて、湿度が上がってくると地上でもはえるようになる。最初に、実止まりし始めた房の雄しべの葯につく。そして葉や房に広がっていく。ところが、米ぬかの白いカビで土が覆われているところでは、灰かびがでない。米ぬかにはえているただのカビが抑えているんだと思う」

そして、たとえ灰かびにかかっても、それ以上は広がらないという。

「灰かびがでる前に、米ぬかの菌で房や葉を覆ってもらえば、大丈夫かなって感じ。同じ菌でもどちらが先に優勢になるか、ということかな」

今では、切った房すべてを下に落としておいても大丈夫だという。持ち出さなくなったのでラクになった。

5月14日、灰かびがついた房も生育は順調。7月中旬には出荷できそうだ

灰色かび病との共存

「前は灰かびを全部やっつけようと思って農薬を徹底して使っていたけど、絶滅させることはできない。土の中に絶対にいる。だけど上に来て悪さしなければいい。灰かびと共存できれば、まあいいかな」

というふうに考え方が変わってきた。

ハウスの中には小さな昆虫がブンブン飛んでいる。以前はこれを見ると、「お前ら、灰かびを広げてくれるなー」と気が気でなかった。

今は逆に、米ぬかから出る菌を「どんどんブドウに広げてくれ」と思う。米ぬかが灰かびを抑えてくれると確信してからは、そんなふうに思えるようになった。

二〇〇〇年七月号　糖度が二度上がり、灰かびも抑える　ハウスブドウの米ぬか追肥

これが米ぬか菌体防除法

協力　福島県いわき市　薄上秀男さん
（撮影　倉持正実）

▲ジャガイモに発生した毛虫が干からびて死んでいた。アブラムシなどにも同じ現象が起こった

◀米ぬかを全面散布した畑のキュウリ。下葉は食害をうけているが、新しい葉には被害がみあたらない

米ぬかでつくる酢酸菌体防除液

手順

1. 米ぬか2〜3合を水2升に加えて沸騰させる
2. ぬかを漉して液だけをとる
3. 漉した液に水を加えて20ℓに
4. 黒砂糖、酢、トウガラシ、ニンニクを加える
5. 丸めたカンナ屑を浮かべて、毎日数回浮かべたり沈めたりして空気を送る。3〜4日で完成

▶菌体防除液はじょうろ（3倍希釈）やスプレー（原液）で作物にかけるだけ。

▲沸騰させながら表面の泡を取り除く

▶カンナ屑を浮かべておく

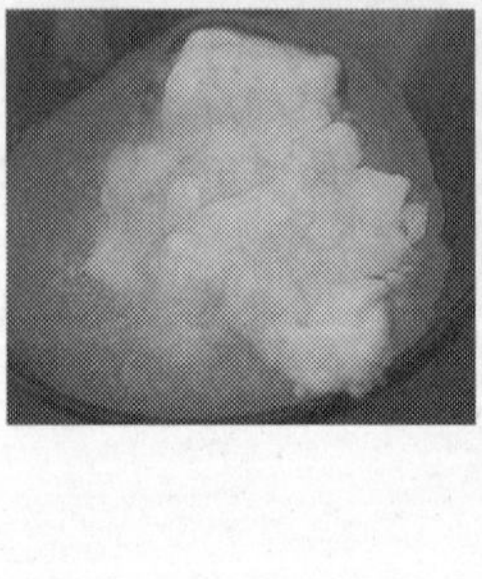

▶液の表面に浮いた酢酸菌の塊

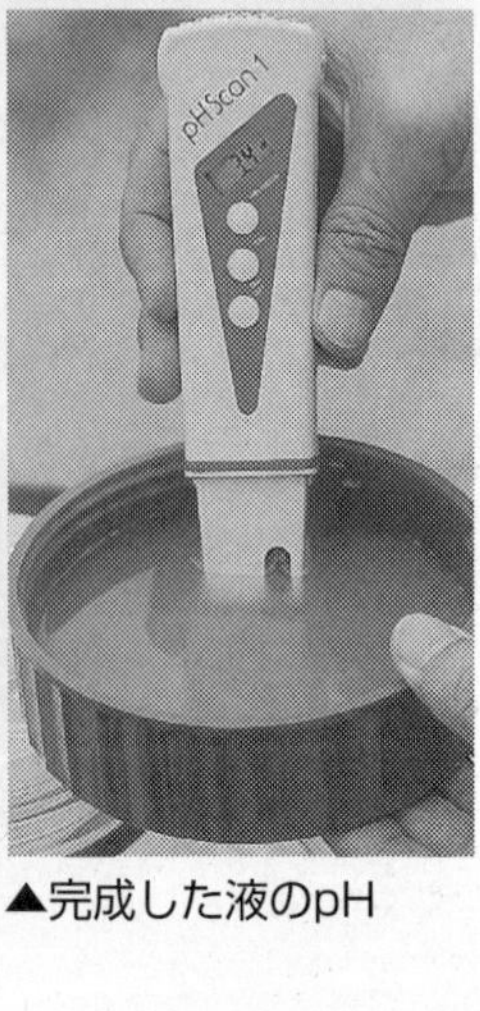

▲完成した液のpH

pHメーターは『pH Scan-1』
（提供・竹村電機製作所:東京都豊島区西池袋2−29−11
TEL 03−3984−1371）

米のとぎ汁でつくる酢酸菌体防除液

▼完成した液のpH

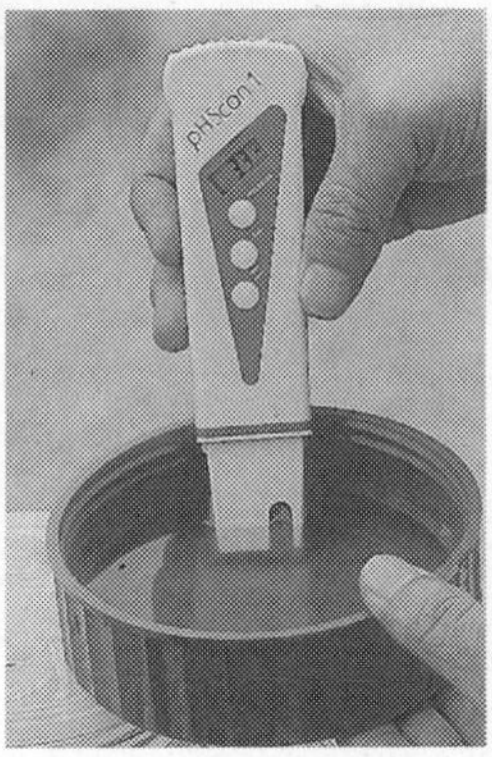

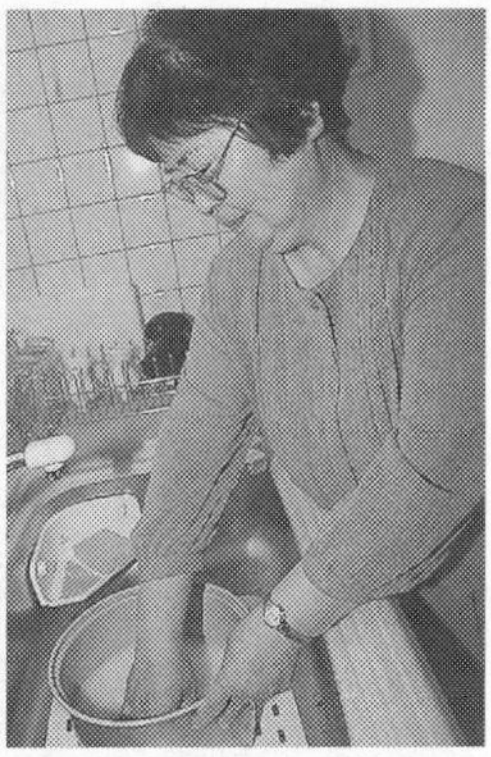

▲米のとぎ汁には酢酸菌がいっぱい

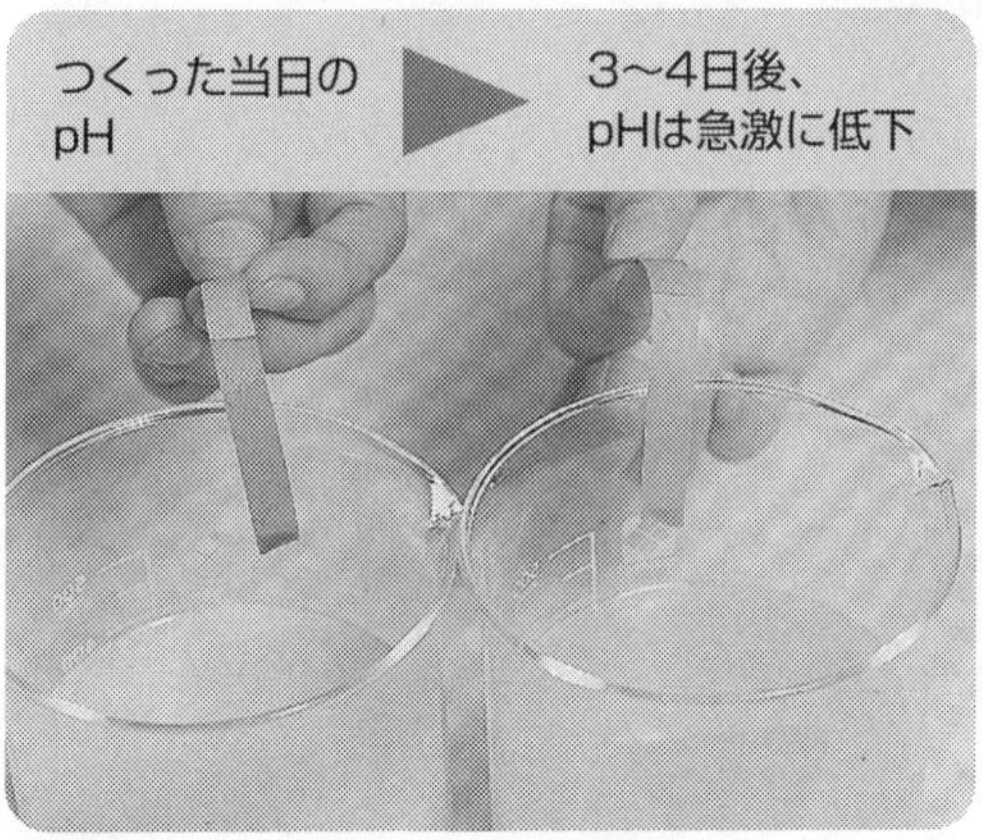

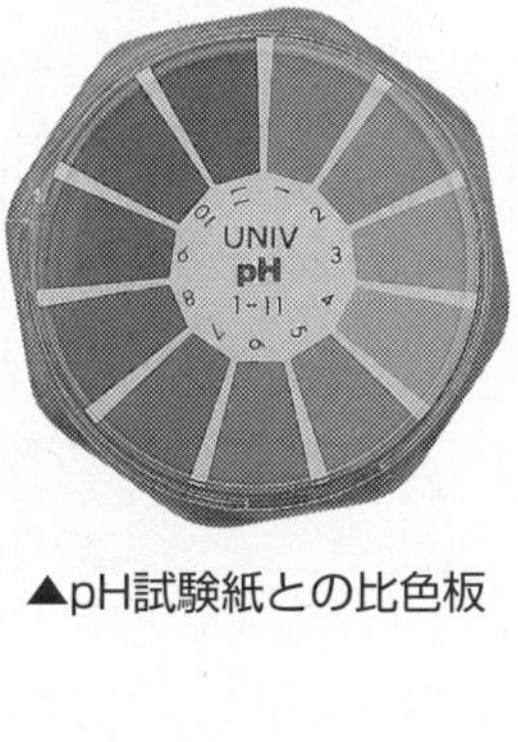

▲pH試験紙との比色板

手順

1. 米のとぎ汁20ℓを用意する
2. トウガラシニンニク酒をつくる。乾燥トウガラシ5本を刻み、ニンニク1片に、焼酎を合わせてミキサーにかけ、液をしぼる
3. 米のとぎ汁に、黒砂糖、酢、トウガラシニンニク酒を加える
4. 3〜4日間そのまま放置する
5. 酢酸菌が繁殖してpH3.5前後まで下がれば完成

1998年8月号　これが米ぬか菌体防除法

米ぬかマルチでキュウリの灰かび防除ゼロ

神奈川県　吉川政治さん

編集部

米ぬかふって三日でハウスの中に白いカビがフワーッ

吉川さんのキュウリハウスは約六〇a。そのすべてのハウスに一〇日に一回、反当たり一〇kgずつの米ぬかをふる。最初は手でふっていたが、米ぬかの袋を片手に持ちながらふって歩くのは時間がかかるし、キュウリの葉

毎週やっていた灰色かび病の農薬がゼロ

吉川政治さんがハウスの通路に米ぬかをふるようになってから四年ほどになる。きっかけは、「現代農業」で米ぬか防除の記事を読んだからだが、実際に試してみて効果が出てからでないと本格的には取り入れない吉川さんは、例によって試験的にやってみた。

そしたら、通路に米ぬかをふっただけで本当にキュウリに灰かびが出なくなったのだ。「前はへたすりゃ一週間から一〇日に一回は灰かび予防にポリベリンだのダイマジンだのやってたけど、米ぬかふるようになってからまったくやらなくてすんでるよ」

今や米ぬか防除は、吉川さんのキュウリ栽培に欠かせないものになっている。

通路に米ぬかをまく。肥料散布用の「グリーンサンパー」を使うと、手で米ぬかをふるよりもラク

にも米ぬかがかかって、汚れてしまっていた。

そこで、写真のような肥料をまく道具を使うことにした。そしたら作業がすごく早くなったし、葉の下だけに米ぬかをふれるので葉も汚れなくなった。

ハウスの中に適度な湿度があれば、米ぬかをふって三日くらいで、「白くて毛羽立ったカビが、米ぬかの上にフワーッと湧いてくる」。

吉川さんは、「このカビが胞子を飛ばしてキュウリの花につき、灰かびの侵入を防いでくれるのでは?」と考えている。

吉川政治さん。「ハウスが全体的に乾燥してくると、花も小さくなっちゃうよ。やっぱり花はこれくらい大きくて力強い感じじゃなくっちゃ」

カビが生える湿度はキュウリにとってもちょうどいい

「乾燥したハウスのキュウリは、葉が小さくて硬い。芽が動かないから収量もとれない。いいキュウリをとるためには、ある程度の湿度と水分が必要だ」と吉川さんは考えている。

そこで、ハウス内の湿度を保つために、毎日欠かさずかん水をするし、ハウス内が乾きやすいPO（ポリオレフィン系樹脂）や硬質フィルムは使わずに、ビニールハウスにしている。

そして、このキュウリの生育に適した湿度

10日前にふった米ぬかに生えたカビだから、もう消えかかっている。散布後3日くらいの米ぬかのカビは、もっとフワーッと毛羽立っている

が、米ぬかにカビが生えるのにちょうどいい環境だという。

乾いていても湿っていても、米ぬかは一〇日に一回ふっておけばいい

「米ぬかにカビが生えるってことは、湿度が高いということだから、灰かびも出やすい環境なんだよね。逆に、米ぬかにカビが生えないのはハウスが乾燥してるってことだから、病気は出にくいんだよ。たとえば天窓の下なんかはどうしても乾いてカビが生えにくい」

それでも必ず一〇日に一回米ぬかをまいているのは…

「そうしておけば、長雨で地面が湿って灰かびの出やすい状態になっても、米ぬかにカビが生えて、ちゃんと守ってくれるから。どっちにしても米ぬかふっとけば灰かびは出ないんだから、みんなふればいいのになあ」

吉川さんの所属するキュウリ部会では、八十数人中二〇人ほどが米ぬかマルチで灰かびを抑えているそうだ。

二〇〇四年六月号　米ぬかマルチでキュウリの灰かび防除ゼロ

10日前の米ぬか　新しくふった米ぬか

新しい米ぬかは、古い米ぬかの上から重ねてまくのではなく隣のスジにふる。10日前にまいた米ぬかは、胞子がまだすこしは残っているからだ

吉川さんの米ぬかのふり方

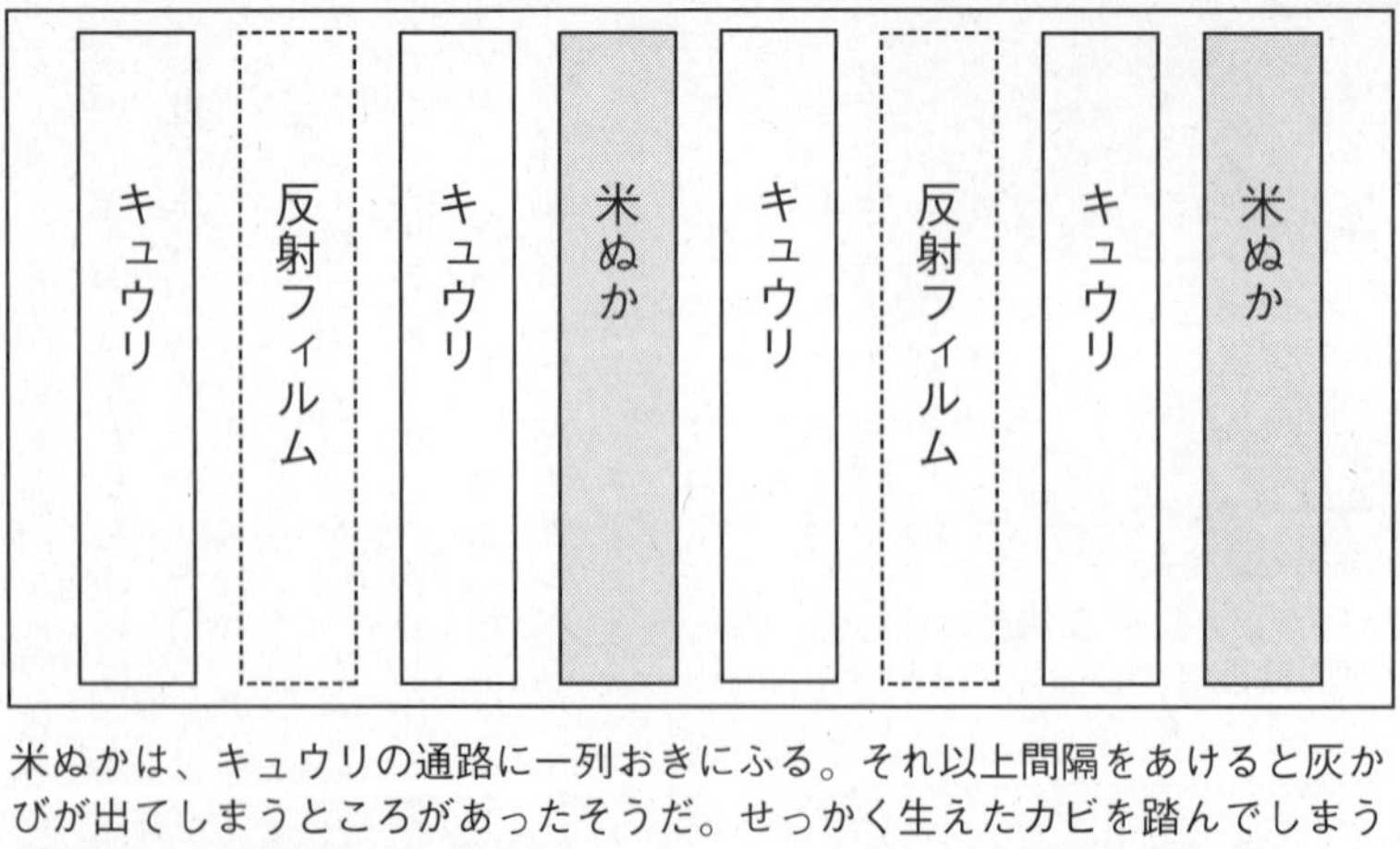

米ぬかは、キュウリの通路に一列おきにふる。それ以上間隔をあけると灰かびが出てしまうところがあったそうだ。せっかく生えたカビを踏んでしまうのはもったいない気がして、米ぬかをふった通路には収穫台車を入れず、収穫したキュウリを抱えて歩いている

あっちの話こっちの話

米ぬかだけで七割がたヨトウムシは死んでしまう

ウネ間に三〜四回に分けてふっておくだけ

武部雅子

最近、水田雑草退治や、畑の病害虫を退治できる菌体防除法でがぜん注目の米ぬか。ここ茨城県千代田町の井坂新さん（七三）から、「ヨトウムシは米ぬかで七割がた死ぬ」との話を聞きました。

井坂さんは、ハクサイなどの畑のウネ間に一作三〜四回に分けて米ぬかをふっておきます。一度にやると発酵したり、腐ったりして肥料にはなりますが、虫は生のでないと食べてくれないとのこと。生の米ぬかを食べると、普段青い葉っぱばかり食べていたヨトウムシが、急に米ぬかを食べて「下痢」を起こすのだそうだ。次の日ヨトウムシは、ハクサイなどの葉先に止まった状態で死んでいるそうです。

井坂さんによると、むかし蚕を飼っていたとき、湿った柔らかい桑の葉を蚕に食べさせると、柔らかいフンをして「フニャフニャになって」死んでしまった。それと同じようなことが起きているんじゃないかと言います。

井坂さんは、奥さんの妹さんの家が精米業をしているので、毎年五〇俵分の米ぬかを二反歩あるナシ園や家庭菜園に使う、という米ぬか信奉者。こんな効果があるなら、どんどん信奉者がふえていきそうですね。

一九九八年九月号 あっちの話こっちの話

米ぬかをいぶして、ナシの蛾を寄せ付けない

せん定枝と米ぬかだから金いらず

朽木直文

ネットを張っていてもどんどん園地に入ってくる蛾は、ナシ農家を苦しめる害虫のひとつ。福島県いわき市に住む、吉田正太郎さんに教えていただいたのは、米ぬかをいぶした煙でこの蛾を寄せ付けない方法。

つくり方は、まず一斗缶の側面に穴をいくつも開け、土を五cm入れます。ナシのせん定枝を焼いて、中央に置き火をつくり、その上に米ぬかを一〇cmほど積み上げます。ここで葉っぱのついたナシのせん定枝を、煙突がわりに入れます。最後に雨除けのためにフタをかぶせ、せん定枝を注ぎ口から出してかぶせて出来上がり。

これを一反に四カ所くらい置いて、フタの上に重石を載せておきます（この方法のもともとの考案者である鈴木宏平さんは、フタをしないで、棚から針金でつるします）。

米ぬかのいぶされたにおいのきつい煙が、フタの注ぎ口のところから、もうもうと出てきて、蛾を一網打尽。去年はカメムシも少なかったそうです。

蛾は昼間は来ないので、夕方から始め、次の日の午後まで持つそうです。吉田さんは、以前にも紹介したペットボトルに酒や砂糖を入れてつるす方法もやってみましたが、こちらはとれたのが蛾よりスズメバチのほうが多く、いまひとつ。でも「米ぬかいぶし」と組み合わせてやると一番いい、とのことでした。

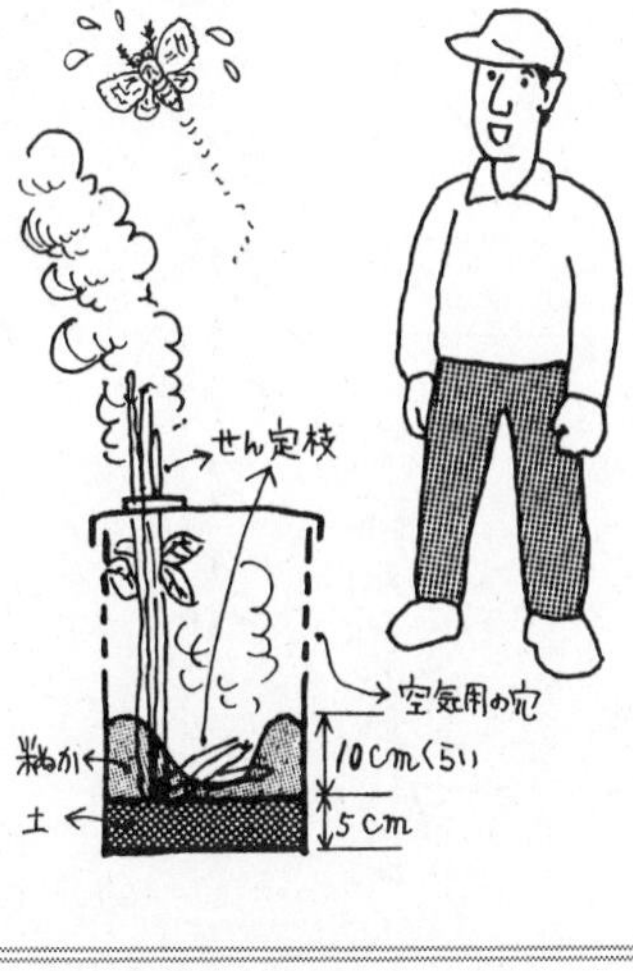

一九九八年六月号 あっちの話こっちの話

葉の上で何が起こっているか

米ぬかをふると、作物に親和性のある微生物がふえる

木嶋利男氏に聞く

米ぬかやボカシをふったり、菌の培養液を葉面散布したりすることで、病害虫抑制や生育促進など、さまざまな効果が上がっているようだ。いったい葉の上ではどんなことが起こっているのだろうか？　葉面微生物の研究はまだ少なく、わからないことが多いのだが、木嶋利男さん（自然農法大学校　元栃木農試）に話を聞いた。

葉面微生物は、葉っぱをきれいにしたり、病原菌から守っている

――葉面微生物について基本的なこととその活かし方について、先生のお考えを聞かせていただきたいと思います。

葉面は無菌だと思われている方がいるかもしれませんが、そんなことはありません。葉面には、植物から分泌された物質をえさに繁殖する微生物がたくさんいます。

葉の表面には、葉から分泌される糖類や有機酸、古くなった細胞がはがれたもの、ほこりなどが付着しています。葉面微生物はこれらを分解して、葉面をきれいに保ったり、葉の病原菌から植物を守ったりしているのです。

その作物に親和性のある菌だけが繁殖できる

――葉面には菌がたくさんいるんですね。そこでは、雑多な菌がふえたり減ったりしているのですか？

いいえ、違います。植物には菌が何でもかんでも寄り付くわけではありません。葉面微生物として繁殖できるのは、雑多な微生物のうち、その植物が分泌したものをえさに繁殖できる微生物と、植物が持つ防御物質を打ち破って組織の中に入り込む力のある微生物だけです。

つまり、それは共生菌か病原菌ということですが、葉面にいられる微生物は、その植物によって選ばれているということです。

それらは菌全体のほんの一割ほどで、残り九割は植物によって選り分けられてしまうのです。そのことを、その作物に「親和性がある」といっています。ですから、葉面微生物を共生させて病気を防ごうとするときには、その菌がその作物に親和性

があるかどうかがとても重要になってきます。

酵母、ハービコーラ、枯草菌などが多い

――なるほど。具体的にいうと、その選ばれた一割の微生物というのはどんなものが多いのでしょうか。

葉面には糸状菌（カビ）、酵母、細菌などがいますが、まずは酵母類が多いでしょう。酵母は果実の果皮とか葉っぱとかの糖分の多いところを好むからです。しかも、葉っぱが分泌したり、葉っぱからリーチング（流亡）したりする糖分などは、単糖類のような分子の小さいものです。

酵母は、こうした分子の小さいものを好んで分解し、そのときに酵素や抗菌物質などを作り出します。

それから、もともと葉によくいる細菌として、エルビニア・ハービコーラやバシラスがいます。これらは葉についたものなら何でも食べる悪食〈あくじき〉タイプの菌です。何でも分解して、葉面をきれいにしてくれる掃除屋ですね。

ハービコーラというのは聞き慣れないかもしれませんが、葉上細菌とでもいえばいいのかな。いい菌でも、わるい菌でもない、ただの菌です。だから研究材料になることもありませんが、葉っぱを顕微鏡でのぞくと必ず見つかる菌です。そもそもハービコーラというのは、葉表面に棲む、という意味なんです。それくらい菌の中でいちばんいろんな作物に親和性が高い。そして、バシラスというのはいわゆる枯草菌。枯れ草の中にたくさんいて、酵母類みたいに低分子の有機物を分解して、抗菌物質も出す。

葉面微生物といえば、だいたいこの三つが多い。葉っぱを顕微鏡でのぞくと、養分を出す水孔のまわりにいるのが酵母類。全体的にパラーッといるのが枯草菌。組織のくぼんだところにいるのがハービコーラです。これらは、

木嶋　利男
ＭＯＡ自然農法大学校校長、元栃木県農業試験場生物工学部長。専門は「植物に親和性をもった微生物」で、伝承農法を解明することによって、ネギ属植物の混植による土壌病害の生物防除や共栄植物を用いた病害虫の防除、胚軸切断接種法による苗の育成などを開発。1996年、科学技術庁長官賞受賞。
主な著書「拮抗微生物による病害防除」農文協、「みんなの環境―２―緑と暮らす」（共著）環研、「拮抗微生物による作物病害の生物防除」（共著）クミアイ化学

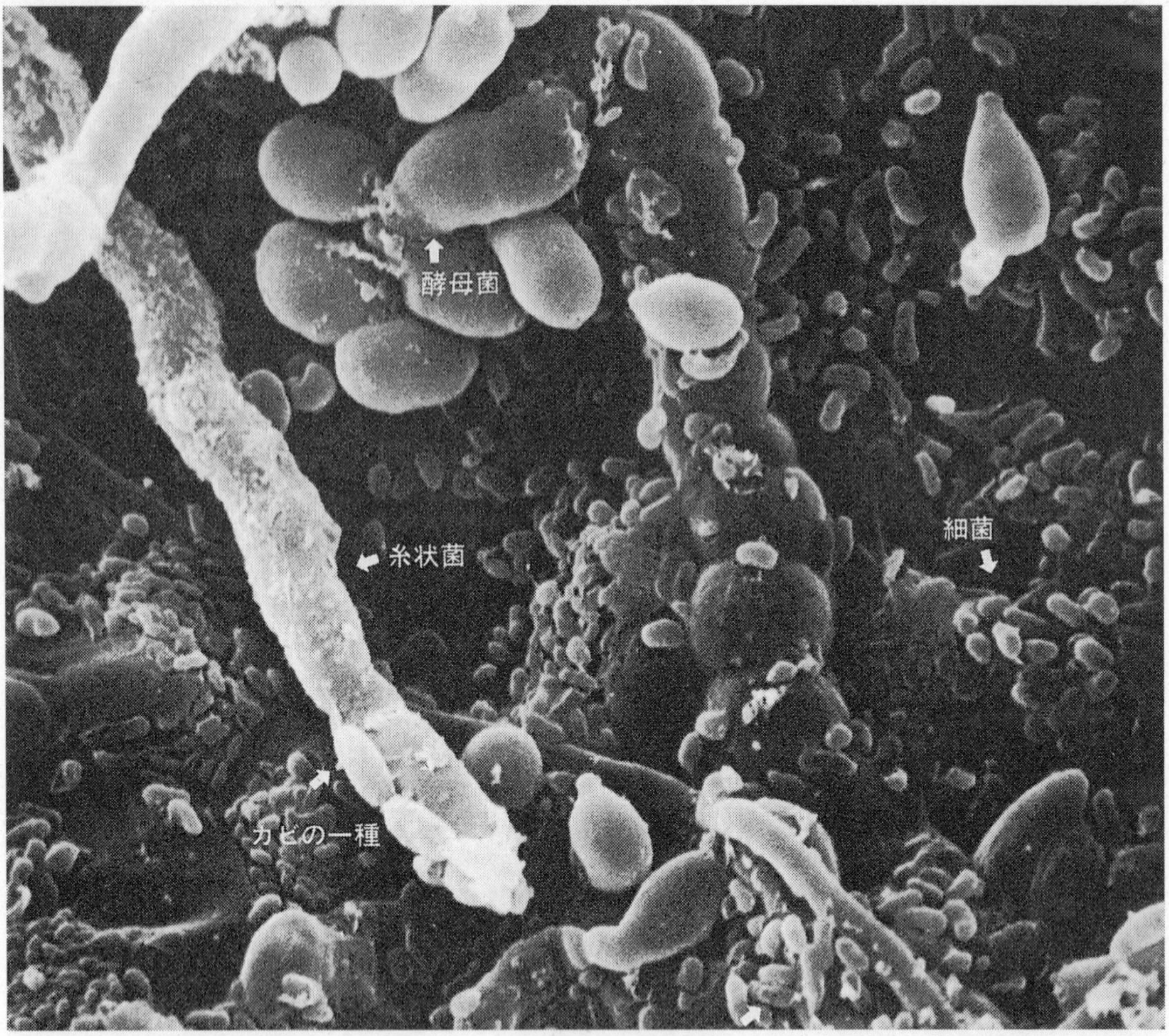

ミカンの葉面。酵母菌や細菌、糸状菌（カビ）が見える。木嶋さんによればこれくらい菌が多いと病原菌も多くなりやすい。健全な葉面だと酵母菌と枯草菌、葉上細菌などがパラッと見えるくらいだという（愛媛大学白石雅也氏提供）

天気がいいと低密度ですが、雨が降ったりして水分が多くなって四～五時間たつと、急激にふえていく。

——病気が出やすい葉面と出にくい葉面では、微生物はどのように違うのですか。

病気にかかりにくい健全な葉では菌の数が少なく、今いった三種類ぐらいの菌がパラッといて安定している状態。それに対し、病気にかかりやすい葉では菌の数が多く、かく乱状態。菌の数が多いということは、それだけ病原菌が植物細胞内に侵入するチャンスも多くなる。雨が降って葉が濡れている時間が長くなり、さっきいったように四～五時間たつと、その菌の数は、とくに細菌類は二分裂しながら倍々ゲームでふえていく。そして病原菌は付着器をつくって植物細胞内に侵入していく。

病気を防ぐしくみ

——そうした葉面微生物が植物を病原菌から守るしくみというのはどういうものですか。

基本は土壌の根圏微生物と同じです。

①抗菌物質を出す
②病原菌に寄生して病気にする
③栄養分を病原菌と奪い合う
④作物を刺激して抵抗性を誘導する
⑤植物が出す他感物質によるアレロパシー

たとえば、トマトやナスの灰色かび病とかを抑える生物農薬『ボトキラー水和剤』の成分は納豆菌の一種ですが、これは栄養分を奪い合うことで灰色かび病菌を抑えるとされています。それから、ハクサイやジャガイモの軟腐病の生物農薬『バイオキーパー水和剤』の成分は非病原性軟腐病菌ですが、これはさきほどの養分の奪い合いと、抗菌物質を出すことで軟腐病菌を抑えるとされています。

こんなふうに葉面微生物は、植物を健全に育てるために重要な役目をしています。だから、葉面微生物をいかにふやすかが重要になってくるわけです。

米ぬかをふって親和性のある土着菌をふやす

——では、実際にどのようにふやしたらいいのでしょうか。

以前、私は根のまわりに有効な微生物をふやすために、ウリ科にはネギ、ナス科にはニラを混植すると親和性のある菌がふえるという研究成果を発表しましたが、親和性のある葉面微生物をふやすには混植の代わりに、畑に米ぬかをまけばよいわけです。菌のえさとしては、リンと窒素がほどよく含まれている米ぬかとか油かすとかの有機物をまいてやるのがいいのですが、とくにリン酸が多めの米ぬかは菌をふやすには最適です。

畑には、さっきの酵母類などの微生物が付着した葉っぱが落ちていたり、作物の葉っぱからは養分が出ていたりする。そこへ米ぬかをまくことによって、その作物にいちばん親和性のある、その畑で生き残ってきた土着菌がそこでふえ、空気中を飛んで、葉っぱに付着、よく繁殖する。

——かいた葉っぱや残渣を畑の外へ持ち出さず、そこへ置くのも重要な意味があるのですね。ところで、菌が空中を飛んで、葉に付いて病原菌を抑えるといいますが、やはり菌は空中を飛ぶのですね。

かなり飛んでますよ。菌によって飛ぶ時間帯とか、飛び方は違うと思いますが。たとえば、胞子が一〇個とか二〇個とかになるとはずれて飛ぶとか、胞子がらせん状になっていて風がき

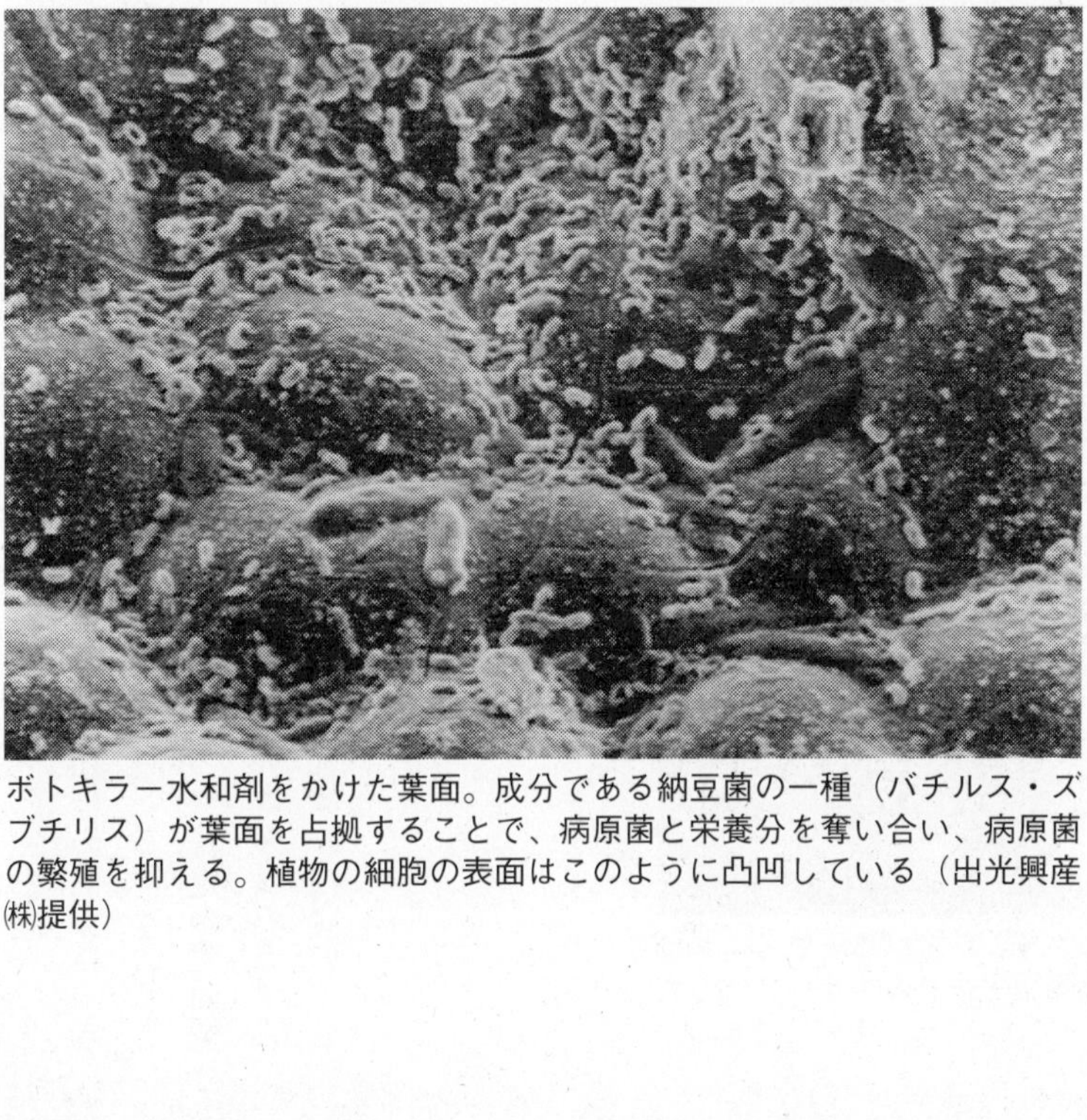

ボトキラー水和剤をかけた葉面。成分である納豆菌の一種（バチルス・ズブチリス）が葉面を占拠することで、病原菌と栄養分を奪い合い、病原菌の繁殖を抑える。植物の細胞の表面はこのように凸凹している（出光興産㈱提供）

たときに飛ぶとか。それから、アオカビとして知られるペニシリウムは、ほうき状に胞子を伸ばして飛ばします。とにかく、菌は自分が繁殖するために盛んに胞子を飛ばします。

ただ、菌というのは静かな状態では胞子を飛ばしません。夜のシーンとしたときとかには飛ばないで、人間が歩くとか、動くものがあると飛ぶ。だから畑にはよく足を運ぶこと。結果的に菌もよく飛散する。

――買ってきたトリコデルマ菌をボカシにして通路などにふったり、乳酸菌に酵母を持った果実を合わせて、黒砂糖で培養させた乳酸発酵液を葉面散布したりして効果を上げている例もありますが。

確かにトリコデルマ菌はいくつかの病原菌を抑える働きがあります。ただ、そういう菌が必ずしもいいとは限らないと思います。買ってきた菌だと、その作目に親和性があるかどうかはわからないからです。その人のところでは効くかもしれないけど、他の人のところでは効かないとかいうことが起こるかもしれない。

それから乳酸発酵液というのは、材料から聞くと何が優占的に働いているかははっきりいえないと思う。糖類を含んでいるから、むしろ特定の菌というより、いろんな土着菌をふやすスターターにはなってると思います。

私は、米ぬかを畑にふって、その作物に親和性のあるさっきの三つの土着菌を飛ばして防ぐほうが、長い目で見ると永続的、かつ発展的だと思います。買ってきた菌によって特定の葉面微生物をふやすのは短期的に見れば効果が高いかもしれませんが、農薬のように、毎回買ってかけ続けなければいけない。

二〇〇三年九月号　葉の上で何が起こっているか

灰かび予防にキュウリの通路に米ぬかをふっているところ。米ぬか防除はその作物に親和性のある葉面微生物をふやすのに適した手段だ

（撮影　赤松富仁）

あっちの話こっちの話

ウスカワマイマイは米ぬかと酒が大好物
カタツムリはおびきよせて退治

西尾祐一

今、ミカン農家の頭を悩ませているのが、ウスカワマイマイという小さなカタツムリ。見かけはかわいいのですが、収穫直前のミカンを食い荒らしてしまいます。

ボルドー液を散布したり、硫酸銅をしみこませた縄を株元に巻きつけたりと、いろいろやってはみるのですが、「効かない」「味が悪くなる」「大面積じゃできない」と、みんなホトホト手を焼いています。

そんななか、「おびき寄せて殺すんだよ」と話してくれたのは、鹿児島県出水市の門口松男さん。

硫酸銅一キロと米ぬか一升と酒（二級酒でよい）五合を混ぜて、株元に流してやるだけ。あっちこっちからマイマイが寄ってきては、コテッといってしまうそうです。

「熊本の友人から聞いた話なんだけどね、マイマイは米ぬかや酒が大好物らしいよ」

一九九二年五月号　あっちの話こっちの話

やっかいモノのネズミは落とし穴にドボン
コツは水をいっぱいに張らないこと

鷹巣辰也

浜岡町のAさんから、ネズミ退治のとっておきのやり方を教えてもらいました。ハウスを荒らしまわるネズミを、落とし穴でおぼれさせるという方法です。

穴は地面に埋めたバケツ。ここに三分の二くらいの深さに水を入れ、水面が見えなくなるように米ぬかをふりかけます。その上に、ネズミが好みそうなお菓子やチーズなどを浮かべる。そして、ネズミが飛び込むのを待ちます。

Aさんはこの方法で、一年間に一つのハウスで十数匹のネズミをつかまえたとか。コツは、バケツにいっぱいに水を張らないこと。水面が高いとネズミはバケツからはい出してしまうので、バケツの縁から一〇～一五cm下のところまでしか入れないことだそうです。

一九九五年五月号　あっちの話こっちの話

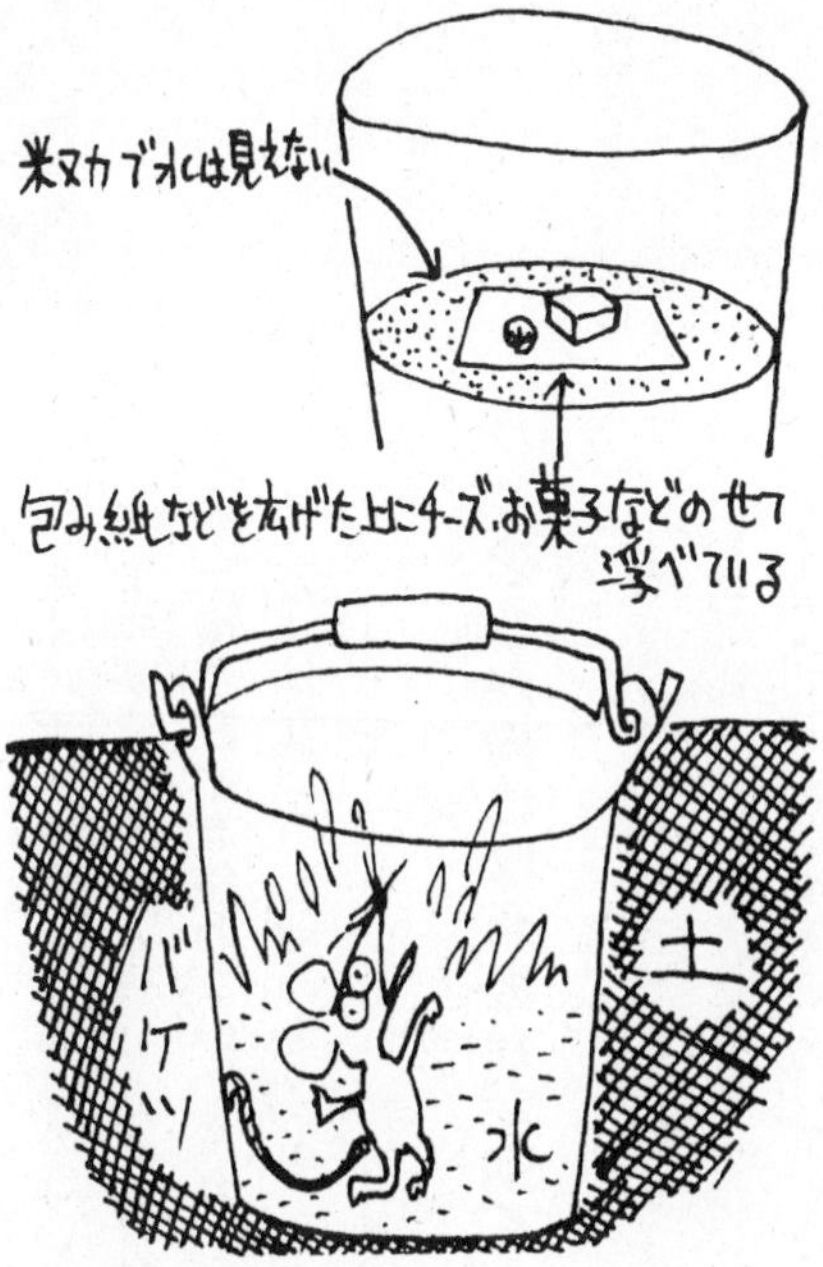

ジャガイモそうか病に米ぬかが卓効
植えつけ1カ月前にすきこむ

鹿児島県和泊町　川村秀文さん

編集部

（撮影　赤松富仁）

大きな土の塊を見せる川村さん。よく砕土しないと米ぬかが混ざりにくいが、品質のよいジャガイモがとれる土だ

ジャガイモにそうか病が出て困っています。土壌消毒をするしかないといわれますが、なるべくやりたくありません。土壌消毒剤を使わないでやれるいい防除方法はないでしょうか？

そうか病には米ぬかが効く

ジャガイモの早出し産地である鹿児島県沖永良部島では、植え付け前の畑に米ぬかをすき込んで大きな成果をあげている。

島内ではジャガイモ生産者八三〇戸のほとんどが米ぬかを使っており、沖永良部農業改良普及センターの試験では、六年連作で前年に多発した圃場でも、発病がほぼ抑えられたという。

ジャガイモ一〇町歩の専作経営をしている和泊町の川村秀文さんのやり方を紹介しよう。

①4月　ジャガイモの収穫終了
②7月　深耕
③9月までに五～六回耕うんしてよく砕土する。米ぬか一〇a当たり三〇〇kgを畑にふってすき込む
④10月下旬　植え付け

米ぬかをジャガイモの畑にまいているところ。反当300kg。島内ではイネをつくっていないので、米ぬかは本州からはこんでくる（写真はすべて赤松富仁撮影）

沖永良部の土は赤土（石灰岩が風化した島尻マージ）で塊になりやすいので、米ぬかが混ざりやすいように事前によく耕うんして土を細かくしておくようにしている。また、夏の強い日射にさらして病原菌を死滅させられないか、との思いもあるようだ。

微生物がふえて拮抗作用がはたらく？

ジャガイモそうか病の病原菌は放線菌といわれている。放線菌は中性からアルカリ性の土壌pHを好み、通気のよいほど生育が旺盛で、乾燥に強い性質がある。また、三〇度以上の高温を好む。よってそうか病菌を抑えるにはpHを低く抑え、高めの土壌水分を保てばよいということになる。

だが、米ぬかがそうか病を抑えるしくみとなると、現地でもまだはっきりしていない。今のところ沖永良部農業改良普及センターでは、「米ぬかを処理することによって土壌pHはやや低くなったが、いっぽうで土壌中の糸状菌（カビ）、細菌、放線菌数が著しくふえている。そうか病菌と拮抗する菌群もふえることで、そうか病が減少するのではないか」と見ている。

粉状そうか病も抑える

この方法は、同じ鹿児島県でも、島以外の火山灰土地帯では効果にバラツキがでるのだという（同普及センター）。火山灰土は通気がよく、乾燥しやすいといわれるから、そうか病菌が好んで生育してしまうのだろうか。いっぽう、沖永良部島は多湿になりやすい赤土の重粘土地帯だ。

しかし、この方法では同時に粉状そうか病も抑えられるという。粉状そうか病も、そうか病と同じくらいやっかいな病気だが、こちらは細菌による病気で、多湿・低温を好むといわれている。米ぬかは、違った条件で発生する、そうか病と粉状そうか病を抑える力があるのだろうか。

二〇〇四年六月号　ジャガイモソウカ病

草と米ぬかでそうか病を克服

北海道河東郡士幌町　赤間優

私は昭和六十年ごろ、地域の増収記録会等で数々の表彰状を受け、自分を篤農家のように思っていました。調子にのってどんどんと増収の方向へ進んでいました。ところがそんなときに「そうか病」と遭遇したのです。増収はするが、製品はどんどん減少し、くずイモの山ばかりが増え、採算の合わない農業へと向かいつつありました。このままでは大変なことになってしまう…。毎日、毎夜悩みました。

ヒエが生えたところはそうか病が出なかった

その答えは、基本に立ち返り、土を大事にするというものでした。

私が行なったのは、まず除草剤を使わないこと、草と仲よく共存することです。こう考えたきっかけはそうか病に悩まされたとき、除草剤のかからなかったところの雑草、とくにヒエ類のところは、なぜかそうか病が出ず、きれいな肌のイモができていたからです。

自然に生える雑草の根には、土中微生物の生活を助けるさまざまな根酸があるとのことです。この根酸によってそうか病菌以外のいろいろな菌が活動しやすい土になり、土の中で菌のバランスがとれたことで、そうか病を防ぐことになったのではないかと思っています。

現在は、カルチを三～四回かけて七割ほどの草をかきとり、その後、収穫までの間に、大きな草だけを抜いて全七haの畑を回っています。これで八割ほどの草が抜き取れます。残り二割の草とは共生しています。

米ぬかとボカシで土の健康を取り戻す

また、作物と土の中の菌に与えるえさはやはり有機のものにこだわるようになりました。

以前は種イモの植え付け時に化成肥料を反当たり七〇kg（窒素七kg）入れていましたが、現在は化成肥料の代わりに魚かすを主体としたボカシ約一五〇kg（窒素約七kg）を施用しています。さらに、秋には米ぬかを反当たり二〇〇kg施用してから耕うんしています。

現在は、防除なしでもそうか病の心配はほとんどなくなっています。何株かにそうか病が出ることはありますが、それが広がることはありません。

種イモ処理には木酢＋乳酸菌

種イモ処理にも化学薬剤は使わず、代わりに木酢や乳酸菌を溶かした「栄養剤」を使っています。

土がもっとよくなれば種イモ処理はしなくてもよくなるかもしれません。しかし、今もまだ、えき病の防除二回だけはやらないと、発病してしまうという段階です。少しでも種イモに活力をつけておいたほうがいいと思い、実施しています。

（北海道河東郡士幌町字士幌幹西一線一三六）

二〇〇四年六月号　除草剤やめたらそうか病が出なくなったのは？

あっちの話こっちの話

豆腐づくりの消泡剤に米ぬかをつかう
まだまだあった米ぬかの活用法

三浦貴子

米ぬかといえば、肥料になったり、除草剤の代わりになったり、はたまた健康にもよいなど、その万能ぶりは目を見張るものがあります。そんな中、宮城県迫町の佐藤文彦さんから、豆腐をつくるときに消泡剤として米ぬかをつかうという話を教えてもらいました。

文彦さんは減反田に大豆を植えています。その大豆を使って、今でも奥さんが自家用の味噌、しょう油、豆腐をつくっています。このあたりでは豆腐をつくるときの消泡剤に石灰を使うのですが、佐藤さんの家では米ぬかを使うのです。

お母さんによれば、むかしから米ぬかを消泡剤として使う話はあったそう。泡といっしょに米ぬかは取り除いてしまうので、味は変わりません。冬の暇なときにお母さんがつくった手づくり豆腐は「なんともいえない豆の味がする」。しかも青バタ豆でつくった豆腐は「よりいっそう甘い」と文彦さんも太鼓判をおしています。皆さんも、豆腐づくりに挑戦してみてはいかがでしょうか。

一九九九年三月号　あっちの話こっちの話

これは便利！米ぬかでラッキョウの皮むき

若泉健治

むいてもむいても「皮ばかり」のラッキョウ。とはいうものの、外側の皮はむかないと食べられません。一枚一枚むいていたのでは、こまごましたラッキョウのこと、時間ばかりかかって疲れるばかり。

そこで、ラッキョウの皮むきの秘伝を、静岡県島田市の田代さんのおばあちゃんに教えてもらいました。

ラッキョウを水にひたして、米ぬかを入れておくとアクぬきになり、一晩ひたしておいて、お米をとぐようにすると、皮がするりとむけて、一〇分もかきまわせばほとんどむけてしまうそうです。

それから、御存知の方も多いかもしれませんが、ラッキョウは塩水につけると芽が出なくなります。

一九八五年三月号　あっちの話こっちの話

天敵は米ぬかでふやせる

和歌山市　木村善行さん
編集部

そこらじゅうに天敵がうろついてるハウス

和歌山市の木村善行さんのナスのハウスには、まだ四月の初めだというのに、本当に天敵がいっぱいいて仰天してしまった。

ナナホシテントウは、成虫がサイドの草の上をさかんに動き回っている。幼虫は、定植されたばかりのナスの葉の上にじっとしている。

野原の花から、吸虫ビンでヒメハナを集めてまわる木村善行さん。ナミテントウは２月に配電盤のボックスから、カマキリの卵はマキノキやアワダチソウから集めてくる

クモも多い。いろんな種類が、ふと気がつくとそこここにいる。ハチも時折、飛びまわっている。カマキリの卵がかえったらしく、まだ小さい奴らが黒マルチの上をヨロヨロ歩き回っている。「ナスの葉の上にアブラムシ！」と思ってよく見ると、寄生蜂に寄生されて、丸々とふくらんでしまった幼虫（マミー）だった。

五月六月になってくると、本命のヒメハナカメムシ（アザミウマの天敵）がどの株にもチョロチョロするようになるという。

ハウスの端には、いつも雑草が生やしてある。ここがテントウムシやオオメカメムシなどの天敵の供給基地になってくれている

木村さんは、いとも簡単に天敵と共存して

農業をやっている。農薬は、たまーにダニ剤や「粘着くん」をスポット散布するくらいで、あとはすっかりいらなくなった。一週間に一回かけても抑えられなかった以前と比べると、農薬代は天と地の差。労力的にも天と地…。

カブリダニは米ぬかでふえる

ククメリスカブリダニは、木村さんにとってとても重要な天敵だ。アザミウマ対策の王道はヒメハナカメムシなのだが、土着のヒメハナがハウスに安定的にふえてくれるまでの、つなぎの役目をククメリスがしてくれる。

土着のカブリダニをふやす方法はまだ会得していないので、さすがにこれは売っている天敵資材「ククメリス」を買って、ハウスに放す。

ククメリスカブリダニは、えさのコナダニが一緒にボトルに入っているので、アザミウマが来る前にナスに定着させることができる。常にアザミウマの後追いになってしまうヒメハナと、そこが大きな違いなのだ。

だがこのククメリス、一本約五〇〇〇円、一〇a三万円になってしまい決して安くない。

しかし、買うのは毎年最初だけ。それも一〇aに一～二本分で、あとの分は、自分でどんどんふやしてしまう。「ふやすのは簡単ですよ。ボカシを混ぜるだけ」

少し残したククメリスに米ぬかボカシと生米ぬかを混ぜて、ボトルをふって、そのまま横に寝かせておくだけ。たまにシャカシャカふってやれば、それでずーっとひたすらふえていくらしい。

ククメリスの増殖のために木村さんがつくったボカシ。米ぬかを発酵菌（コーラン）で発酵させたもの。今年はボトルの８割にこのボカシと生米ぬかを半々、残りの２割にククメリスを入れてふやす予定

通路に米ぬかをまこう

というのも、ククメリスのえさとして一緒に入っているコナダニは、カビを食べてふえる。チラシにも「コナダニは土に生えたカビを食べて繁殖する」というようなことが書かれている。カビといえば米ぬか。これがあれば、カビが生え、カビがあればコナダニがふえ、コナダニがふえればククメリスがふえる……。

「そうそう、ボカシを使ったら虫も減ったっていう人がいるでしょ？　あれはそういうことだと思うね」

そういう木村さんは、下葉かきしたナスの葉を、ハウスの外へ持ち出すのはじつにもったいないことだと考える。よく、「下葉かきした葉と一緒に、天敵が外へ持ち出されてしまうのが、失敗の原因」という人もいるが、ククメリスやヒメハナは下葉にはあまりつかない。

そのことよりも、ハウスにカビを生やさないようにしていることが、ククメリスの定着をさまたげている要因ではないかと見ている。

二〇〇一年六月号　天敵代を安くする　自分でとるふやす　定着させるための工夫

米の命—米ぬかで田んぼが変わる、むらが元気になる

農文協論説委員会

米ぬかは「米の命」である。この米の命が今、田畑をめぐり、微生物を、作物を元気にし、農家を元気にしている。各地で大きな広がりをみせる米ぬか利用稲作は、田んぼを変え、イネを健康に育て、米をおいしくし、イネつくりを楽しくする。そしてお金がかからない。

産直のなかで農家が使える米ぬかがふえ、田んぼから生まれる米の命が、田んぼにもどってきた。

米ぬかは「米の命」

植物は、子孫を残すために、生育を通して得た養分を濃縮して、種子をつくる。イネの種子である米（モミ）は、表皮部、胚芽部、胚乳部とそれらを保護するもみがらからできている。胚芽は子孫そのものであり、これを生かすためのでんぷんというエネルギーを貯えているのが胚乳部（白米）だ。そして、胚芽と表皮部を合わせたのが米ぬかであり、だから米ぬかは「米の命」なのである。

米ぬかは、リン酸や各種のミネラル、ビタミン、油脂成分などあらゆるものを含み、一方では、自らの生命を守るための各種の物質（抗酸化物質）を含んでいる。玄米に含まれるビタミンやミネラルの分布を調べると、白米部分はわずか五％で残り九五％は米ぬか部分に含まれているという

この米ぬかを農家はさまざまに生かしてきた。

「玄米をつくと、ぬかができる。このぬかも用途が多い。まず、人の素肌を洗い、ものについた油をこれで洗うと油気がよくおちる。また、大根をぬかと塩を混ぜて漬ける。これをたくあんの香の物という。（中略）。また、ぬかとまぐさとを混ぜて馬のえさとして与える。ぬかを火で炒って、小鳥のえさにする。畑の肥やしにもなるだろう」。江戸時代の農書「米徳糠藁籾用法教訓童子道知辺」（米の徳、糠・藁・籾の用い方を、子どもらに教えるための道しるべ）の一節である。洗剤、ぬか漬け、家畜の餌、肥料と、米ぬかは庶民の生活に生かされてきた。また、農書「培養秘録」には、米ぬかを炒って水を加えて発酵させる水肥のつくり方と、その高い効能が書いてある。小麦のぬかであるふすまにもふれているが、その効力は米ぬかの半分以下だという。

日本の発酵文化を支えてきた米ぬか

米ぬかは、乳酸菌や酵母などの微生物がすぐに利用できる粗タンパクや糖質が豊富にバランスよく含まれ、また発酵微生物に必須なリン酸が他のぬか類に比べて多く、すぐれた微生物の培地になる。この米ぬかの特性を人々は古くから生かしてきた。

昭和初期の庶民の食生活を県別に描いた『日本の食生活全集』をひもとくと、ぬか漬けの記述が多くみられる。野菜から山菜、魚まで、米ぬかを利用した発酵食品が、地域地域でつくられてきた。青森県のある農家では、大根のぬか漬けを四斗樽で二本漬け、一本で約四升の米ぬかを使っている。重量で玄米の約一割の米ぬかがでるから、この家では大根だけで、玄米八斗（二俵＝一二〇キロ）分もの「米の命」が使われたことになる。

「ぬか漬けは乳酸菌のかたまりだ」と群馬県・針塚農産の針塚藤重さんはいう。乳酸菌は人間の腸内細菌を整え、乳酸菌や酵母がつくりだす各種の成分はぬか漬け特有の風味をもたらし、そして、身体にも大変いい。この乳酸菌はpHを下げ、雑菌による腐敗を防ぐ働きもしている。米ぬか自体も今話題の機能性成分や繊維分が豊富で、針塚さんは、ぬかをつけたまま食べることをすすめている。

味噌づくりに米ぬかを使うところもある。味噌を仕込むときに、樽の底に塩少々と米ぬかを豆の煮汁で固く練ったものを敷き、また、素材を詰めた最後には同じものをかぶせて、熟成させる。雑菌を抑え、うまく発酵させる工夫だろう。米ぬかは、日本の発酵文化をにない、庶民の健康をしっかり支えてきたのである。

また、米ぬかを炒って味噌にまぜ焼味噌にしたり、豆腐つくりの泡消しに使ったり、米ぬかに卵黄をまぜて「かっけ」の薬にしたり…。さらには、家畜の餌はもちろん、砕いたタニシの殻と米ぬかを炒って土をまぜ、ドジョウとりの餌にするといった利用法もある。

そして現代、米ぬかは、ガンや高血圧などの「生活習慣病」を防ぐ素材として、医学界などから熱い視線を集めている。ガンや心筋梗塞、脳血栓などに抑制作用があるフィチンやフィチン酸、フェルラ酸など、米ぬかには健康を守る多様な有望物質、抗酸化物質が含まれていることが明らかになってきたからである。

米ぬかで田んぼが発酵の場になる

その米ぬかが、今、田んぼを大きく変え始めた。

堆肥やボカシ肥づくりの発酵材としてではなく、米ぬか主体のボカシを、あるいは除草を目的に生の米ぬかを、直接田んぼに入れる。それも田んぼの表層に集中させる。これによって、田んぼの微生物相が劇的に変化し、水田が変わってしまうのである。田んぼが、ぬか漬けの床のように発酵の場となり、その場がさまざまな生物を呼び込んで、豊かな生物空間がつくられる。

米ぬかを田んぼの表面に施すと、微生物が有機物を分解し、クリーム状のトロトロ層ができる。土がトロトロになることで雑草の種子は深く沈み込み、さらに微生物の繁殖にともなって発生する有機酸や、土壌の還元化（酸素が少ない）が雑草の発育を抑えるのである。

このトロトロ層では、さまざまな水田の小動物が繁殖し、それがさらにトロトロ層を発達させる。とくに、イトミミズには大きなはたらきがあることがわかってきた。

水田の微生物や有機物を食べて生きているイトミミズは、絶えず土をかき混ぜ、その結果、雑草の種子が土に埋没して発芽できなかったり、発芽しても根が浮き上がったりして、雑草を抑えてくれる。

米ぬかの表面施用から始まる生きものたちの食物連鎖によって、多様な生物がすむ豊かな田んぼになっていく。そんな田んぼなら、ドジョウなどの魚が増え、これを餌にする水鳥もやってくる。

米ぬかで田んぼの構造が変わる

イトミミズは、有機物が多くある水田の土の表層で活発に活動するが、その下の土は透水性がよいほうが良く増殖するという。そこでおもしろいのが、表面だけ耕す半不耕起との組み合わせである。不耕起にすることで、イネの根がつくる根穴構造が維持されて透水性がよくなり、さらにわらが表層にあることで微生物もよく繁殖する。わらを表面施用すると窒素固定菌が作土の表面や表層でよく繁殖し、すき込んだ場合と比べて数倍も高い窒素固定力が得られる。

こうして米ぬかの表面施用に半不耕起（根穴構造＋わら表面施用）が加われば、微生物もイトミミズもより一層繁殖し、トロトロ層が発達する。そんな田んぼは、従来の田んぼとは大きく異なる。

しかも、このトロトロ層は保水力も強いようだ。福島県須賀川市の藤田忠内さんは、出穂二〇日前頃から水を落として徐々に泥を固めていくが、米ぬかボカシを入れて浅く耕した田はヒビ割れせず、トロトロ層はスポンジのようになり、フワフワして弾力性があるという。「根を優しく包み込んでいる」ようなのだ。表面水を切っても水分は安定していて、これが根の活力を後半まで守ってくれる。こうして、イネは秋落ちせず、最後まで活力のある生育をするのである。

米ぬかの養分（リン酸など）と微生物がつくる養分によって米の食味もよくなる。米ぬか利用で米が甘くなったとか、季節が暖かくなっても食味が落ちにくいという声をよく聞く。そんな米の米ぬかなら、パワーも強いだろう。それがまた翌年の田をつくっていく。イネは種子によって次代につながり、田は米ぬかによって次代につながる。米ぬか利用は、命のパイプを太くする。

米ぬか稲作は、極めつけの「小力技術」

藤田忠内さんは、昨年の猛暑のなかでもくず米はごくわずかで、むしろ近年にないほど増収した。耕土が浅く、肥料をやってもすぐに肥効が落ちるような下田や開田で収量が伸び、全体の収量を押し上げてくれたのである。田んぼにはイトミミズやタニシ、ドジョウ、二枚貝が増え、トロトロ層も発達してきた。こまめな追肥が必要な下田も地力が上がって、追肥もだんだんいらなくなってきた。「米ぬかボカシの持続力のすごさには、私自身驚いています。来年は追肥を減らせると、確信しました」と藤田さんはいう。

福島県いわき市の鈴木浩一さんは、二町三反のコシヒカリを、稲刈り後の米ぬかだけで栽培している。野菜との交換で米屋さんが運んでくれる米ぬかを、春はイチゴの作業が忙しいので、稲刈り後に反当三〇〇キロ散布する。これで施肥はおしまい。もともと砂壌土の水もちの悪い田んぼで、かつては化成肥料を元肥のほか、追肥で三〜四回やっていたが、五年間、米ぬか利用を続けてきた結果、土が少しずつ粘質になり、田植え後の水の中には明らかにミジンコがふえてきた。ふつうの田の三倍以上はいるという。イネも初期の色上がりは遅いが、その後グングン濃くなり、七月に入っていったんさめるが、出穂前に自然に色が上がってくるので、穂肥もいらなくなった。以前より収量が増え、いもち病もでなくなって、航空防除もやめた。「米ぬかには、イネが欲しいときに欲しいだけ養分を供給してくれるような不思議な力があるのかもしれません」と鈴木さん。その結果、イネつくりにかかる資材費は除草剤だけになった。この除草剤もなくそうと、鈴木さんは一昨年から、米ぬか除草を試している。

米ぬかとわらを田んぼにかえし、空中の窒素を固定してくれる緑肥や微生物、小動物の力を借りれば、田んぼの肥沃さをたもつことは可能だ。米ぬか施用は、田んぼの循環を高めることによって、だれでも取り組めるお金のかからない有機無農薬のイネつくりへの道を大きく切り開いたのである。米ぬか利用稲作は極めつけの「小力技術」である。

米ぬかは個性的なイネづくりをはぐくみ、個性的イネづくりがあたらしいコミュニティをつくりだす

そして、米ぬか利用稲作は限りなく楽しい。

除草のための米ぬかは田植え後に散布するのが普通だが、散布時期が早すぎればイネに害がでることもあるし、遅すぎると除草効果が低下する。米ぬかの量はもちろん、苗の状態や水温によっても除草効果がちがってくる。さらに、田んぼの条件は千差万別である。当然、成功ばかりではなく失敗することもある。しかし、失敗しても農家がめげないのが、米ぬか稲作なのだ。

市販の資材の場合は工夫の余地がないので、失敗すれば資材のせいにする。コストもかかるので、大きな痛手だ。ところが米ぬかの場合は、あくまで自分の工夫次第であり、自分の創意や努力が成果にむすびつく。そこには、自然の不思議で巧妙な営みから学ぶ、個性的な労働がある。だからこそ、イネつくりに、久々の熱気が生まれている。

ドジョウがふえたり、赤とんぼが大発生したりと、田んぼの生きものがにぎやかになるのも楽しい。産直で米を届けるときや、都市民がやってきたときの話題にも事欠かない。なにより消費者は安全で生態系にやさしい農産物を求めている。田んぼの生物をつなげる米ぬか稲作は、人と人とのつながりをも強める。

用水の共同管理など、かつての農村は田とイネでつながっていた。村の共同体が、戦争に動員するための装置として利用された時代もあったが、いまや地方の農村は、過疎化や高齢化が進み、生活のための最低限の共同性さえ崩壊しようとしている。未来の人々にとって魅力のあるコミュニティとは、一人一人の個性がいきいきと表現できる場所であるはずだ。

米ぬかは個性的なイネづくりをはぐくみ、個性的なイネづくりが、あたらしい農村と都市の関係、あたらしいコミュニティをつくりだす。米ぬかはそんな可能性を秘めている。

米の命が、田んぼを、村々や都市を、めぐりはじめた。

（農文協論説委員会）

二〇〇〇年五月号　主張

本書は『別冊　現代農業』2004年12月号を単行本化したものです。

なお、記事の末尾に「2004年4月号　有機物でマルチ」などとあるのは、農文協発行の『現代農業』誌のバックナンバーと記事のタイトルを示します。

編集協力　本田進一郎

発酵の力を暮らしに土に
米ぬかとことん活用読本

2006年2月28日　第1刷発行
2010年6月20日　第12刷発行

農文協　編

発行所　社団法人　農山漁村文化協会
郵便番号 107-8668 東京都港区赤坂7丁目6-1
電話 03(3585)1141(営業)　03(3585)1145(編集)
FAX 03(3589)1387　振替 00120-3-144478
URL http://www.ruralnet.or.jp/

ISBN978-4-540-05319-1　DTP製作／ニシ工芸(株)
〈検印廃止〉　印刷・製本／凸版印刷(株)